国家出版基金项目
NATIONAL PUBLICATION FOUNDATION

改变世界的航天计划丛书

砥砺奋进——中国载人航天计划

徐大军　编著

陕西新华出版传媒集团

未来出版社

图书在版编目（CIP）数据

砥砺奋进：中国载人航天计划 / 徐大军编著. —西安：未来出版社，2019.6
（改变世界的航天计划丛书）
ISBN 978-7-5417-6749-4

Ⅰ. ①砥… Ⅱ. ①徐… Ⅲ. ①载人航天—普及读物
Ⅳ. ①V4-49

中国版本图书馆 CIP 数据核字（2019）第 099538 号

改变世界的航天计划丛书
GAIBIAN SHIJIE DE HANGTIAN JIHUA CONGSHU

砥砺奋进——中国载人航天计划
DILI FENJIN——ZHONGGUO ZAIREN HANGTIAN JIHUA

策划统筹	王小莉	
责任编辑	王小莉	
出版发行	陕西新华出版传媒集团　未来出版社	
地　　址	西安市丰庆路 91 号　邮编：710082	
电　　话	029-84288458	
开　　本	720mm×1020mm　1/16	
印　　张	9.75	
字　　数	195 千	
印　　刷	陕西天丰印务有限公司	
版　　次	2019 年 8 月第 1 版	
印　　次	2019 年 8 月第 1 次印刷	
书　　号	ISBN 978-7-5417-6749-4	
定　　价	29.80 元	

前言

晴朗静谧的夜晚，仰望星空，总会令人充满好奇与遐想。中国古人看到夜空横跨的亮带，会浪漫地想象那是"天河""银河"，"河"的两边住着七夕才能相会的牛郎与织女；看星移斗转，会感慨"天河悠悠漏水长，南楼北斗两相当"；看月圆月缺，不仅有"海上生明月"的思和"千里共婵娟"的愿，也有嫦娥奔月的凄和美……

明朝时，有一个被封为万户的人——陶成道，不再满足于神话传说和诗句里对于苍穹的认知，而是把自己和火箭绑在椅子上，双手举着两只大风筝，想凭借火箭的推力和风筝的升力，成为世界上第一个飞天的践行者。但遗憾的是，他没有成功，却为此献出了生命。

到了20世纪，在航天先驱齐奥尔科夫斯基、戈达德和奥伯特开创性理论和研究工作的引领下，"飞天揽月"终于有了实现的可能。于是，人类这个地球的"婴儿"，集中巨大的财力、物力和人力，用新科技不断尝试着走出地球"摇篮"，走向更深邃的太空。

于是，一项项纪录被创造，被刷新，这才有了人类航天史上一个个壮举——

阿波罗登月，堪称人类科学工程技术史上的奇迹。在10年的时间里，开展了一系列的太空任务，最终完成载人登月。

空间站的建立，是航天工程另一伟大成就。它为人类利用太空资源、探索长期在太空生活的可能性，发挥了重要的作用。

而这两项成就都离不开重型运载火箭，因而，研制百吨级运载能力的重型运载火箭，成为各航天大国最重要的长期发展计划。

航天造福人类最生活化的体现，莫过于全球卫星定位导航系统的应用。除了给日常带来的便捷，它在军事、经济等领域的巨大价值更不用说了。

习近平总书记指出，"探索浩瀚宇宙，发展航天事业，建设航天强国，是我们不懈追求的航天梦。"我国的载人航天计划 1992 年才正式启动，但航天人艰苦奋斗、勇于攻坚，不断开拓创新、无私奉献，终于完成了神舟飞船载人遨游天际、航天员出舱、"天宫一号"和"天宫二号"载人空间实验室、嫦娥探月等高科技项目。不久的将来，我们还将建立自己的长期有人值守的空间站，并逐步发展载人登月技术。航天事业的发展从来没有坦途，我国的载人航天也历经挫折，但这阻挡不了砥砺奋进、勇往直前的中国航天人。

未来，人类将会进一步探索太空，将活动空间拓展到更加遥远的星球，这些重任将由正在成长的青少年们去完成。

航天科普作品对于普及航天知识、提高大众科学素养有着重要的意义，对于青少年树立正确的价值观与科技报国的远大抱负，也有着不可低估的作用。因此，我们编写了《改变世界的航天计划丛书》，第一辑选取内容包括：阿波罗登月计划、空间站计划、重型运载火箭计划、卫星定位导航系统计划，以及我国的载人航天计划等。书中以这些计划为线，将航天时代背景、历史事件、人物、航天器研制等内容有机地联系在一起，给读者一个全景式的展示。通过阐述航天活动对人类发展的影响与改变，让读者更深刻地了解航天发展的意义和必要性，看到我们和航天强国的差距，紧起直追。

近年来，我国有不少专家积极投身科普创作，在此特向航天科普领域的杰出代表黄志澄研究员、庞之浩研究员、邢强博士等人致敬。

在众多航天科普作品中，本丛书实为沧海一粟；而本丛书的作者相对来说，还是"新兵"，但在这条路上，我们并不孤单。本丛书撰写过程中，得到了北京航空航天大学宇航学院何麟书教授、蔡国飙教授、杨立军教授、李惠峰教授等的大力支持与鼓励，在此一并表示感谢。

限于作者水平，以及航天知识与历史事件的庞杂，书中难免存在梳理不当、文不达意之处，恳请广大读者批评指正。

徐大军
2019 年 6 月

目录

第**1**章
国人的载人航天梦

>>>

1.1 古老的飞天梦

　　面对翱翔的雄鹰、飘动的白云，我国古人对天空充满了许多神奇而浪漫的想象：天上有神仙住在华丽的宫殿里，他们可以腾云驾雾来去自由。千百年来，我国民间流传着许多与飞天相关的美丽传说，"嫦娥奔月"就是其中传颂最广的一个。皓月当空之时，人们不禁产生了许多的遐想：月亮上面有广寒宫，住着嫦娥和她的玉兔，还有吴刚和桂花树。在我国敦煌的石窟里，至今仍能看到一千多年前古人在石窟壁面上绘制的飞天图案，这是古人对飞翔于天空的一种美好的愿望。

　　我国古代的诗人更是将对天空的遐想转换为深刻的思考，但那时候古人所能表达的只是自己对于浩瀚天空的疑问，还没有能力予以解答。在屈原的作品《楚辞》中就有这样一篇大气磅礴、千古奇绝的《天问》：

遂古之初，谁传道之？

上下未形，何由考之？

冥昭瞢暗，谁能极之？

冯翼惟象，何以识之？

明明闇闇，惟时何为？

阴阳三合，何本何化？

圜则九重，孰营度之？

......

　　诗人一口气提出了 170 多个问题：茫茫宇宙，没有始末，是如何传承而来？天地未形成时，拿什么来研究？昼夜未分，混混沌沌，谁能弄清？日明月暗，是谁动手营造？宇宙何等伟大的工程，最初是谁创造的？......

屈原的这些问题几乎涵盖了现代天文学的方方面面，而要解答诗人的这些问题，则需要人类持续数千年不断的探索和发展；探究这茫茫的宇宙更离不开人类积累起来的科学技术，尤其是航天技术。

数千年来，中华民族流传下来的关于天空的美丽传说和诗句，无不显示出古人对于太空的种种幻想与思考，而要将飞天的梦想变成现实，中国人走过了一条不平凡的荆棘之路。

在西方的神话传说中，能够在空中飞翔的神话人物通常是借助身后的一对翅膀。而在中国的古代神话中，几乎没有带翅膀的人物形象，要么是借助龙、虎、凤凰等动物作为坐骑，要么就是只身飞翔于天际，借助于什么超自然的力量不一而足。

在飞机发明之前，西方也有很多人尝试通过扇动翅膀从高处飞身而下的方式进行飞行，虽然都以失败而告终，但促进了人们对空气动力学的认识，并最终发明出能够在空中飞行的机器——飞机。

作为火箭的故乡，中国古人的飞行尝试则更加大胆——明朝初年，有人竟然想利用火箭飞到天上去。

这个人就是我们现在称之为"世界航天第一人"的万户。此人本名陶成道，擅长制造火箭武器，元末率弟子投靠朱元璋，在历次战争中屡建奇功，于是被朱元璋赏封为"万户"，从此陶成道就被人称为"万户"。

看到火箭能将火种或投掷物发射到远处，晚年的万户就大胆设想：若干火箭捆绑在一起的巨大推力，也一定能把人送到很高很高的地方，或许能飞到天上摸一摸云朵。

基于这样的想法，万户将47个自制的火箭绑在椅子上，自己坐在上面，同时手上还举着两个大风筝——设想利用火箭的推力飞起来，万一火箭熄火了，还可以依靠风筝的力量落到地面上。遗憾的是，当他的弟子帮他点燃火箭后不久，火箭就爆炸了。一阵浓烟散去，万户为他的飞天梦想

火箭发明的前提条件是已经掌握了固体火药的配置技术。关于火药的相关记载可追溯到唐代中期或五代末。在五代末和北宋初期，我国已经将真正的火药应用于军事作战中。古人发明了固体火药的制备方法，掌握了药型的制造技术，并理解了反作用力的原理，火箭的发明与应用也就成为水到渠成的事情。

付出了生命的代价。

经中外学者考证，万户是"世界上第一个想利用火箭飞行的人"。万户考虑到上升的工具，也考虑到安全下落的降落伞——风筝，这都是前所未有的。万户是世界上第一个利用火箭向天空发起冲击的英雄，他的努力虽然失败了，但他是大胆设想借助火箭推力升空的世界第一人，因此他被世界航天界公认为真正的航天始祖。为了纪念这位人类航天的勇敢探索者，月球上的一座环形山被命名为"万户山"。

明朝之后，火箭这项技术在中国并没有得到进一步的发展与应用，到了近代，列强却用中国人发明的火药打开了古老中国的大门。之后，科学技术的日趋落后，使中国在国际上越来越没有地位，近代的中国更是遭受了百年的屈辱。

 # 1.2 向太空进发

"东方"1号宇宙飞船透视图

1957 年 10 月，苏联成功地发射了世界上第一颗人造地球卫星，人类从此步入太空科技的时代。

1961 年 4 月 12 日，苏联宇航员加加林乘坐"东方"1 号宇宙飞船遨游太空，人类第一次用自己的双眼领略到我们这个赖以生存的星球的美景以及太空的深邃。

1969年7月21日，美国宇航员阿姆斯特朗在月球上迈出了人类探索月球的第一步，正如他所说的，"这是我个人的一小步，却是整个人类的一大步"。

20世纪五六十年代，苏联和美国这两个超级大国在航天领域的探索与成就，也震动着拥有千年飞天梦想的中国人。中国人从未放弃过自己"上九天揽月"的飞天梦想，这条道路虽然艰辛且曲折，但并没有阻挡我们向太空进发的勇气与决心。

中华人民共和国成立之初，可谓百废待兴，一大批海外优秀科学家响应祖国的召唤，心怀报国的热情纷纷踏上了归国之路。这其中不乏以钱学森为代表的一批我国航天事业的开创者与奋斗者。

钱学森是美国著名航空航天专家冯·卡门教授的学生，早在20世纪40年代就从事火箭技术的研究，并于1949年提出了著名的"钱学森公式"，提出了航程可达5 000千米的火箭助推高超声速滑翔飞行器的构想。新中国成立后，作为一名爱国学者，他迫切地希望能够回到祖国的怀抱，但却遭到了美国麦卡锡主义的迫害。历经长达六年的坚持与力争，钱学森终于冲破层层封堵与阻挠，回到了日思夜想的祖国。

⬆ 1949年，钱学森在加州理工学院任教

⬆ 钱学森一家回国时在"克利夫兰总统"号客轮上

1955年11月底，刚刚回国不久的钱学森前往我国当时培养军事技术人才的摇篮——哈尔滨军事工程学院考察。此时虽已冰天雪地，但哈尔滨军事工程学院这所著名的军事学府里却热情涌动，师生们热烈地欢迎这位世界级的航天科学家。

时任哈军工院长的陈赓大将亲自迎接钱学森的到来，他向钱学森提的第一个问题是："中国人搞导弹行不行？"

钱学森反问道："外国人能干，中国人为什么不能干？"

"好，就要你这句话。"陈赓大将以军人固有的气魄像老朋友一样拍着钱学森的肩膀，这代表了祖国的重托。

钱学森知道自己肩上担子的重要，"落后就要挨打"，要想中华民族不再任人宰割、任人欺凌，我们必须要让自己的拳头硬起来，有自己的杀手锏，甚至要在太空抢夺制高点，在航天技术领域占有一席之地。

"中国人为什么不能干？"说干就干，钱学森废寝忘食，不到三个月的时间，起草了我国航天史上第一份发展火箭和导弹的规划。1956年2月17日，钱学森郑重地向中共中央递交了自己对祖国的第一份答卷——《建立我国国防航空工业的意见书》。报告中，钱学森从宏观和微观分析并提出了我国发展先进国防工业技术的必要性与实施计划，同时也充分考虑了我国当时的国情。这份报告受到了中央的高度重视，国家很快就成立了导弹研究院。

⬆ 钱学森性格开朗，极富远见卓识

⬆ "东方红"一号卫星

就在苏联第一颗人造地球卫星上天之际，中国人实现航天梦的征程终于在研制自己的导弹与运载火箭的计划中缓缓启程了。1958年5月17日，毛泽东主席向中国人民发出了铿锵有力的号召：我们也要搞人造卫星。

1970年4月24日21时35分，"东方红"一号卫星飞向太空，这是中国发射的第一颗人造地球卫星，太空终于有了中国人制造的航天飞行器。1975年11月26日，我国发射了一颗返回式人造卫星，卫星按预定计划于29日顺利返回地面。

中国航天从无到有，中国人向太空挺进的大幕缓慢拉开，而且取得的成就在半个世纪之后令世界刮目相看。

1.3 载人航天的初次尝试

将人送入太空，无疑是整个航天领域难度最大、风险性最高的一项技术。就在我国航天事业刚刚起步之时，我们的前辈就已经高瞻远瞩地考虑到不久的将来，我们要送自己的宇航员进入太空。

🔴 钱学森在上课

1958 年 8 月，中国科学院决定由钱学森、赵九章等科学家负责拟定我国的人造卫星发展规划，并成立了宇宙生物研究所。该所主要开展以动物实验为主的宇宙生物学研究，并建成了动物离心机、振动、低压、温度、生化和动物训练等实验室，开始了我国早期的宇宙生物学研究。让动物替代人类体验太空环境并开展相关研究工作，这为我国后来开展载人航天工程奠定了研究基础。

1964—1966 年的三年时间里，我国成功发射了多枚生物探空火箭，将狗、大白鼠、小白鼠等动物发射到了 70~80 千米的高空，用于研究火箭发射的各个阶段对动物机体的影响。

不久，中国人也开始酝酿自己的载人航天计划。1968 年，中国科学家们汇聚一堂召开了"我国第一艘载人飞船总体方案设想论证会"。会上，大家一致同意将我国第一艘载人飞船命名为"曙光"一号，这个名字毋庸置疑代表了中国载人航天飞行的曙光与期盼。

为了满足今后载人航天的需要，宇宙生物学研究很快拓展到了人类医学与生理学的研究领域。当时的军事医学科学院劳动生理研究所针对载人航天方案的设想，拟订了《人在宇宙航行中的生命保障规划方案》，得到了国内航天界的一致支持。不久后，国防科工委决定集中多方科研力量建立宇宙医学、宇宙生物学专门的研究机构——宇宙医学及工程研究所，这就是我们今天的航天员科研训练中心。

宇宙医学及工程研究所下设总体、生命保障医学、生命保障工程设计、宇航军事活动效率、救生医学防护、医用电子仪器、选拔训练、医学监督等专业研究组。该研究所成为我国培养航天员的摇篮。

创立之初的宇宙医学及工程研究所面临诸多困难。为了有一个安静的科研环境，研究所搬迁到了位于北京西北郊区昌平十三陵附近的一排红色的砖木平房中。没有醒目的单位名称标志，只有一个门牌号码"200"，周围人只知道这是一个保密级别很高的研究单位。

就在这个门牌号为"200"的平房里，进行着许多神奇的关乎国家未来与人类命运的科学实验。这个神秘的研究所负责研究在飞船内为航天员提供一个安全且适宜人生活和工作的环境，并能在紧急情况下保证航天员的安全，这是载人航天系统中的重中之重。

虽然使命重大，但当时的科研环境却极为艰难。研究所的科研人员白手起家，自己搬砂石、抹水泥、扩建科研用房。每次搬入临时办公点，大家都要把宿舍、楼道、教室开辟为临时的实验室，坚持开展研究工作。最困难的时期，研究所曾在搭建的 33 顶帐篷中开展科研实验与办公，长达五年的时间。正所谓"艰难困苦，玉汝于成"，中国的载人航天就这样，从这里一步步走向辉煌。

就在美苏两国对太空争夺的帷幕全面拉开的时候，中国的领导人也果断地决定研制载人飞船。1970 年 7 月 14 日，毛泽东、周恩来及中央军委批准开展载人飞船的研制工作，毛泽东主席在相关文件上做了批示，"即着手载人飞船的研制工作，并开始选拔、训练航天员"。这是中国载人航天工程见诸文字的最早的最高批示，这一天也成了我国第一艘载人飞船研制工程的代号——"714 工程"。

有了批示，中国航天人无比欣喜，踌躇满志，一大批立志航天的院校毕业生投入到这项事业中来，希望能够以最快的速度搭建出中国载人航天工程的脚手架，早日实现中国人的飞天梦。

很快，"714 工程"科研人员设计并制作了"曙光"一号的全尺寸模型。它的外形类似于美国第二代飞船"双子星座"，像一个倒扣的大漏斗，由座舱和设备舱两大舱段组成。座舱内可乘坐两名航天员，并安装有仪器仪表、无线电通信设备、控制设备、废物处理装置，还配有航天员所需的食物、饮用水，以及保障返回安全的降落伞等。设备舱里安装有制动发动机、变轨发动机、燃料箱、电源设备和通信设备。

中国航天人在一无所有的情况下发展载人航天，必须不断学习和借鉴别国的成功经验，避免从头摸索、走弯路，这也是切实可行的一条发展思路。就当时而言，"曙光"一号的参考选型是与苏联"联盟"号技术接近的美国"双子星座"号宇宙飞船，在技术上也是非常先进的。

生命保障是载人航天工程中极为关键的一项技术，其研究重任自然落到了当时的宇宙医学及工程研究所。研究所的科研人员在飞船供气方式、航天服研制、航天员训练等方面做出了大量的开创性工作。

⬆ "双子星座"号飞船

例如在飞船的供气方式方面，科研人员综合苏联和美国飞船的供气方式，提出了具有自己特色的二分之一个舱内大气压的方案，而当时美国"阿波罗"飞船用的是三分之一个大气压的纯氧，苏联飞船采用的是一个大气压的氮氧混合物。

飞船供气用纯氧的方式简单易行，但安全性差，对飞船的安全会造成直接的威胁。美国的"阿波罗"1号飞船就因为使用纯氧不当，造成三名宇航员死亡的事故。而苏联在飞船内使用一个大气压的氮氧混合供气的方式，虽然安全可靠性增强了，但必须有辅助设备实现，成本和技术难点较高。

⬆ "阿波罗"1号飞船残骸

我国的航天科研人员综合分析美苏两国的技术方案，并结合我国自身的技术基础与经济条件，采用了独特的供气方案。这项重大科研课题后来获得了国家科技进步一等奖——我国的载人航天在学习国外先进技术的同时，也走出了自己独特的发展道路。

选拔航天员在当时是件非常重大的事情，且进行了严格的保密。国防科工委和空军相关部门，以飞行员体检的名义，从空军上千名歼击机飞行员中选拔出19名航天训练员。随后，这19名航天训练员在训练基地接受了全面的培训和训练，培训项目包括失重、离心机和飞船模拟舱等科目。

尽管"714工程"在载人航天技术方面取得了一些突破性的进展，但毕竟载人航天是一个巨大的系统工程，不可能一蹴而就。加之当时我国的"长征"一号运载火箭的运载能力只有300千克，航天测控网还没建成，不具备远洋测控的条件。同时，由于经济基础差、工业制造及相关工艺水平落后，"曙光"一号载人飞船的模型简陋到只是用纸盒和木板钉成的，外面蒙上一层帐篷布，完全没有达到载人飞船所需的结构、防热等技术特征。

进一步开展载人飞船的研制以及实施整个系统级的载人航天工程，无疑要耗费大量的资金，而在当时这是不现实的。

这些实际情况反映到中央后，最终还是由毛泽东主席拍板将"714工程"下马，"先把地球上的事搞好，地球外的事往后放放"。

后来，周恩来总理专门就我国载人航天的发展讲了几条原则，指出我们不和美苏搞太空竞赛，要优先发展国家建设急需的应用卫星。就这样，到了20世纪70年代中后期，研制"曙光"一号载人飞船和选拔宇航员的"714工程"逐渐放缓，并最终停了下来，只保留了对核心关键技术的跟踪和研究。

1.4 举世瞩目的 "921 工程"

1979 年 2 月，邓小平访问美国。在美国期间，邓小平看到的不只是美国农庄、牛仔等，他也参观了美国国家航空航天博物馆。

那里陈列着人类航空航天发展的历史，也昭示着未来空天技术的发展方向。邓小平登上了美国人的航天飞机，来自火箭故乡的人们，无论是谁，此时都清楚地看到了自己的祖国与世界先进水平的差距，不奋起直追只怕是要被甩得更远了。

20 世纪 80 年代，世界各航天大国都在重新规划自己的发展计划，这关系到各自国家的安全以及在世界上的地位，乃至于话语权。1984 年 1 月 6 日，时任美国总统的里根发布了《国家安全决定》第 114 号文件，正式下令拟定 "星球大战计划"。这是一个世界上最庞大的战略防御计划，这个计划里面，美国瞄准的是日新月异的以航天技术为代表的高科技。针对国家安全，美国制定的是以空间为基地、对来自苏联的洲际导弹进行拦截。美国人认为，掌握了 "制天权"，就能够掌握未来战争的胜券。如果说 "制空权" 是空军追求的目标，那么 "制天权" 就是每一个航天大国大力发展航天技术所要实现的目的。直到 21 世纪的今天，美国和俄罗斯都在不遗余力地要建立 "天军"。

在欧洲，1985 年法国总统密特朗提出建立 "技术欧洲" 的 "尤里卡计划"，此计划得到了西欧十几个国家的一致赞同。该计划投资 20 亿欧元支持电子技术、通信技术、生物工程、机器人、新材料等高技术的发展，在航天领域也支持了 "霍托" "桑格" 等空天飞机研制方案的诞生。

日本也不甘落后，在同一时期提出了 "今后十年科学振兴政策"。

此时，已打开国门的中国不再闭门造车，也不再一叶障目，对于国际上在高科技领域的发展，尤其是航天技术领域的突飞猛进，中国的科学家们是敏锐的，也是忧心忡忡的。1986 年 3 月，我国四位科学家上书国家领导人，建言我国要跟踪世界先进水平，发展我国的高技术。

这四位科学家分别是时任中国科学院技术科学部主任、中国科学院院士、中国工程院院士的王大珩，时任核工业部科技委副主任、我国核物理学界泰斗的王淦昌，时任航天部空间技术研究院科技委副主任、我国的航天专家杨嘉墀，以及时任国防科工委科技委委员、我国无线电电子学家和卫星测控专家陈芳允。这四位著名科学家在联名向中央提出的《关于跟踪研究外国战略性技术发展的建议》中中肯地指出：真正的高技术是花钱买不来的；高技术研究成果的取得是要花力气和时间的；做提高技术水平的研究不仅可以集中现有的科研实力出成果，而且可以培养新一代高技术人才。

四位科学家联名写信给邓小平，并得到了高度重视。邓小平以一个伟大的政治家、战略家的远见卓识亲自批复：此事宜速决断，不可拖延。这是一个具有深远意义的重大决策，从此，中国的高技术发展进入了一个崭新的阶段。

1986 年 4 月，国务院组织了数百位知名专家学者，就国家高技术研究发展计划进行讨论，对形成的纲要进行论证。计划坚持"有限目标、突出重点"的方针，结合我国国情，非常实际地选择了从生物技术、航天技术、信息技术、激光技术、自动化技术、能源技术和新材料七个领域作为突破口。

目标是在其后的 15 年里，在选取的七个高技术领域，跟踪国际水平，缩小同国外的差距，并力争在我国有优势的领域有所突破。

这个国家高技术研究发展计划被国外称为"中国的尤里卡计划"，国内则按照当初四位科学家上书建言的时间称之为"863 计划"。

1986 年 10 月，中共中央政治局召开扩大会议，批准了"863 计划"，决定拨付专款 100 亿实施这一计划。这个数目大大超出了论证计划时与会专家的预想，而且这笔专款中高达 40% 的比例是用于航天技术，"863 计划"将载人航天预先研究作为重点发展项目，可谓是重中之重。

1987 年 2 月，在国防科工委的组织下，成立了"863 计划"航天技术专家委员会，该委员会集中了 20 多位航空航天领域的顶尖专家。委员会下设两个专家组：一个是大型运载火箭及天地往返运输系统论证组，一个是载人空间站系统及其应用论证组。从此，我国的载人航天研究进入了一个新的阶段。

1991 年 6 月，以国务院总理李鹏为主任的中央专门委员会听取了屠善澄等科学家组成的专家委员会《关于发展我国载人航天》的论证报告。报告的中心议题是：中国是一个大国，备受世人瞩目的载人航天技术不能不搞。但载人航天工程投资巨大，直接的经济效益在短期内不明显，中央领导和国内航天领域的专家也都非常慎重。

其实，1987 年我国航天领域就已经开始了关于如何开展载人航天工程的论证，论证过程可谓百家争鸣。经过五年的论证，在方案选择以及相关技术问题上越辩越明，大家的思路趋于一致。

1992 年 1 月，中央专委再一次听取了专家委员会的汇报，决定我国载人航天从预先研究转入工程技术、经济可行性论证。以王永志为组长的可行性论证组历时 6 个月，从经济可能性、技术可行性、技术发展必要性等方面进行了系统论证，编写完成了载人飞船的立项论证报告。

1992 年 8 月 1 日，李鹏总理主持召开了中央专委第七次会议。中央专委的领导同志听取了可行性报告后，一致同意载人飞船的这个方案可以批准立项，决定报中央审查批准。由于事关重大，每位中央专委委员都郑重地在报告上签上了自己的名字。

1992 年 9 月 21 日，江泽民主席召开中央政治局常委扩大会议，讨论并通过了《国防科工委关于开展我国载人飞船工程研制的请示》，决定实施载人航天工程（以当日决策时间命名代号为"921 工程"），并确定了我国载人航天工程"三步走"的战略规划。江泽民同志在会上说，今天就做个决定，要像当年抓"两弹一星"那样去抓载人航天工程，要坚持不懈地、锲而不舍地把载人航天工程搞上去。

中国载人航天事业在四位科学家的上书建言、百位航天专家充分讨论、国家领导人高瞻远瞩的果断拍板之后，终于掀开了新的一页，中华民族千年的"飞天梦"由此变成了实实在在的行动。"921 工程"时至今日所取得的辉煌成果，是进入 21 世纪以来人类最令人瞩目的航天成就。

1.5 中国载人航天工程的八大系统

1992 年 9 月 21 日，经中央批准，我国载人航天工程正式立项，并确定了"三步走"的发展战略：

第一步，发射载人飞船，建成初步配套的试验性载人飞船工程，开展空间应用实验。

第二步，突破航天员出舱活动技术、空间飞行器的交会对接技术，发射空间实验室，解决有一定规模的、短期有人照料的空间应用问题。

第三步，建造空间站，解决有较大规模的、长期有人照料的空间应用问题。

"三步走"的中国载人航天工程是我国航天史上迄今为止规模最大、系统组成最复杂、技术难度和安全可靠性要求最高的跨世纪国家重点工程。该工程由航天员、空间应用、载人飞船、运载火箭、发射场、测控通信、着陆场、空间实验室等八大系统组成。

航天员系统

航天员系统的主要任务是选拔航天员，对航天员进行基础理论知识教育、体质训练、航天环境适应性训练等，共计有 9 大类百余项的科目训练，并在训练和载人飞行任务实施过程中，对航天员实施医学监督和医学保障，以维护航天员身心健康。

中国航天员科研训练中心位于北京航天城内，它是我国唯一从事载人航天领域中有关航天医学、航天环境控制与生命保障技术研究以及相关船载产品研制的综合性研究机构。

空间应用系统

空间应用系统主要包括空间对地观测和空间科学研究两个方面，主要任务是利用载人飞船的空间实验支持能力开展各项科学实验和应用研究。空间应用系统有着很强的实用性，它与人们的生活、环境息息相关，在对地观测、地球环境监测、空间天文、空间环境、空间生命科学、空间材料科学和微重力流体物理实验等多个领域，开展了大量的实验和研究工作，取得了丰硕的成果。

载人飞船系统

载人飞船系统的主要任务是研制"神舟"号载人飞船。载人飞船采用轨道舱、返回舱和推进舱组成的三舱方案，额定乘员3人，可自主飞行7天。载人飞行结束后，其轨道舱继续留轨运行约半年，开展空间对地观测、科学与技术实验。

> "神舟"系列飞船由结构与机构、制导导航与控制、热控、电源、测控与通信、数据管理、着陆回收、环境控制与生命保障、推进、仪表照明、应急救生、航天员、有效载荷共13个分系统组成。

运载火箭系统

运载火箭系统的主要任务是研制用于发射飞船的运载火箭。我国载人航天工程使用的运载火箭为"长征-2F"（即"长征"二号F运载火箭，也简称"长二F"，别称"神箭"，缩写CZ-2F或LM-2F）。"长征-2F"由箭体结构、动力装置、控制、推进剂利用、故障检测处理、逃逸救生、遥测、外测安全、地面设备和附加系统共10个分系统组成，是国内目前可靠性、安全性最高的运载火箭。

同时，我国针对载人航天工程的需要，又开发研制了新一代运载火箭"长征"七号和"长征"五号。

发射场系统

载人航天发射场的主要任务是运载火箭和飞船的测试发射，为有效载荷提供测试发射条件，为航天员提供发射前生活、医监医保和锻炼设施，具有待发段紧急撤离和零高度逃逸救生的判断、控制和指挥能力，完成运载火箭上升段的跟踪测量和安全控制，提供发射场区的气象和各种后勤保障。

除已有的酒泉载人航天发射场外，我国还新建了海南文昌航天发射场，运载火箭可以通过水路运送，从而突破了陆上火车运输对火箭直径尺寸的限制。

测控通信系统

航天测控与通信是对飞船和其他航天器飞行状态进行跟踪测量、控制其运动和工作状态以及实现天地通信的专用系统。这一系统能及时了解飞船、航天器和运载火箭的空间位置、姿态状况、各分系统工作的基本状态以及航天员的情况，根据出现的情况和问题及时做出分析判断和决策，保证飞船及航天器和运载火箭飞行试验预定目标的顺利实现。

着陆场系统

载人航天着陆场系统是飞船飞行的终点和航天员成功返回的起点，是我国航天史上从无到有，首次创建的一个系统，承担着航天器回收和航天员救援的重任，在载人航天工程中具有决定成败的重要地位。着陆场系统的主要任务是负责对飞船再入的捕获、跟踪和测量，搜索回收返回舱，并对航天员返回后进行医监医保、医疗救护。

空间实验室

空间实验室是设立在太空的用于开展各类空间科学实验的实验室。空间实验室的建设过程是先发射无人空间实验室，而后再用运载火箭将载人飞船送入太空，与停留在轨道上的实验室交会对接，航天员从飞船的对接口进入空间实验室，开展工作。航天员的生活必需品和工作所需的材料、设备均由飞船运送，载人飞船停靠在实验室外边，作为应急救生飞船，可随时载航天员返回地面。

苏联"礼炮"号空间站

第**2**章

承载梦想的"神舟"飞船

>>>

2.1 航天飞机还是载人飞船

"哥伦比亚"号航天飞机

"哥伦比亚"号首飞成功

当我国准备开展载人航天发展计划之时，国外航天大国已经陆续进入了航天飞机时代，甚至已经开始启动空天飞机的研制计划。

1981 年 4 月 12 日，美国"哥伦比亚"号航天飞机进行了首次载人轨道飞行，并顺利地以滑翔着陆的方式返回地面，这一新的航天科技成就引起了强烈的反响。

相对于载人飞船通过降落伞和反冲火箭的着陆方式，这种新颖的载人航天飞行器显得格外引人注目。不禁令人遐想：在不久的将来，人们就可以像搭乘飞机一样，轻松地往返于太空与地球间。

航天飞机的用途可不止载人进行太空飞行，它还完成了一系列的太空壮举：在轨发射卫星、回收卫星、维修卫星，等等。这些炫酷的新技术给全世界留下了一个这样的印象：航天飞机时代已经来临，载人飞船已成为"古董"，将退出历史舞台。

就在美国的航天飞机投入载人飞行后不久，1986年1月28日，"挑战者"号航天飞机在升空后不久发生爆炸，但这一事件并没有影响人们对航天飞机未来发展的美好期待。

➲ "挑战者"号发射后爆炸

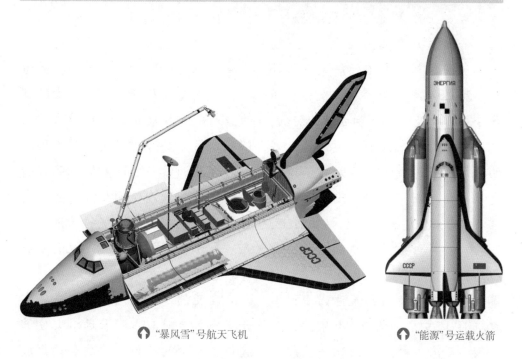

⬆ "暴风雪"号航天飞机　　　　　　　⬆ "能源"号运载火箭

与此同时，受美国航天飞机计划的影响，苏联于20世纪70年代也制定了研制航天飞机的计划，这就是"暴风雪"号航天飞机计划。1988年11月15日，"能源"号火箭将不载人的"暴风雪"号航天飞机送入250千米高的预定圆轨道，"暴风雪"号在绕地飞行两圈后，按预定计划于当日滑翔返回并准确降落在距发射场12千米外的机场，"暴风雪"号首次飞行获得成功。

从技术发展的角度来说，可重复使用航天运载器无疑代表了航天技术的发展方向。从空间开发与应用的角度来说，航天飞机具有运载火箭和宇宙飞船无法比拟的优点，它具有更大的机动灵活性，如进行轨道救援、卫星回收维修与释放、大型空间构件的运送与组装等。

美国国家航空航天局自航天飞机立项之日起，就积极宣传并大肆渲染航天飞机革命性的作用与价值，使公众相信航天飞机能大幅度降低发射成本，带来极大的商业利润。

美国航天飞机投入使用，推动了其他国家制定本国的航天飞机计划。20世纪七八十年代，欧洲空间局受美国航天飞机研制成功的影响，也开展了针对未来航天运载器计划的探讨，并形成了初步方案，这就是"赫尔墨斯"号航天飞机。

在1985年5月的巴黎航展上，"赫尔墨斯"号航天飞机模型被公开展示，引起外界极大的兴趣。"赫尔墨斯"号航天飞机的尺寸较小，该机机长17.9米，翼展11米，机身直径3.4米，整个系统比美国航天飞机简单，起飞重量为13.1~16.7吨，近地轨道载荷最大为4.5吨，可用于实现载人飞行。

1986年"挑战者"号航天飞机的失事，也对欧洲发展航天飞机敲响了警钟，欧洲空间局对"赫尔墨斯"号航天飞机的设计方案进行了安全问题的审查。经过一年多的论证，对"赫尔墨斯"号的设计方案进行了重大改进，将起飞重量提高到了25吨，而这又超过了"阿丽亚娜"5号运载火箭的运载能力。法国国家太空研究中心建议将有效载荷从4.5吨降到3.1吨，乘员从6人减为3人，再算上减少的补给，这样就使得起飞重量降低到了21吨。

1988年1月开始，"赫尔墨斯"号航天飞机进入研制阶段，这项工作持续到1991年，随着冷战的结束，欧洲空间局开始重新思考欧洲的载人航天发展体系，也曾考虑与俄罗斯航天局合作。而此时美国极力游说欧洲参与国际空间站的建造计划，于是欧洲空间局就放弃了发展自己的载人航天系统的计划，因此"赫尔墨斯"号航天飞机的研制计划也就到此结束了。

在亚洲，1986年初，日本宇宙开发委员会对日本的长远航天发展进行了充分的研讨。这次会议形成了日本航天发展的蓝图：要在21世纪初与美国、苏联、西欧和中国并列成为"航天大国"，要具备独立自主开展航天活动的能力，其中包括开展载人航天的活动。同时，日本还决定自主研发航天飞机、建立空间站、研制空间运输系统。

在这一政策背景下，日本提出

了研制大型 H-2 运载火箭和 H-II 轨道试验飞行器"希望"号（H-II Orbiting Plane Experiment，简称 HOPE）小型航天飞机的计划。"希望"号航天飞机机长 10.5 米，机身宽 2.3 米，翼展 6.24 米，整个系统的起飞重量约为 10 吨，可搭载 4 名宇航员进入太空，也可不载人发射进行自主飞行。

由于日本缺乏开展大型航天器研制的工程经验与技术，加上政府对这项计划的态度也摇摆不定，因此"希望"号在研制过程中遇到了许多困难。为了降低全尺寸航天飞机的研制风险，日本提出先研制一个缩小版的返回式试验飞行器（HOPE-X），目的在于测试可重复使用航天飞机所需的再入飞行器系统技术，以及研制一种具有潜在实际用途的飞行器，用于轨道试验、对地观测和天地往返运输等。

HOPE-X 的再入试验件于 1994 年 2 月 4 日由 H-2A 大型运载火箭首次发射。这并不是完整的 HOPE-X 试验飞行器的试飞，而是针对热防护系统和再入控制技术开展的试验。之后，日本进行了多项与航天飞机研制有关的关键技术验证试验。但缺乏相关技术的积累，距离系统集成还有相当大的差距。

1998 年之后，由于 H-2 火箭多次发射失败以及日本大幅度削减航天预算，HOPE-X 发射计划被一拖再拖。2004 年，HOPE-X 和"希望"号航天飞机计划正式下马。

美国、欧洲和日本的航天飞机，都采用一次性使用的火箭助推器或常规的运载火箭将可重复使用的轨道器送入太空，充其量只能算是部分可重复使用的航天运载器。而就在 20 世纪 80 年代，完全可重复使用的航天运载器的研制计划也被提到了议事日程上来，典型的代表是美国的"国家空天飞机计划"、英国的"'霍托尔'号空天飞机计划"，以及德国的"'桑格尔'空天飞机计划"。

这些航天运载器被称为空天飞机，意味着它们能够像普通的民航飞机一样，从跑道起飞、进入地球轨道，再返回大气层在跑道降落。

这一时期，各种概念方案层出不穷，似乎通往太空的便捷大门已经打开。但空天飞机所必需的吸气式高超声速推进技术难度巨大，即使是美国这样的航天大国，在投入大量的科研资金之后仍没有太大的进展，因此空天飞机也就成了空中楼阁，首飞之日遥遥无期。

我国的载人航天计划就是在美国航天飞机已投入使用，苏联、欧洲和日本也在积极研制航天飞机，并且空天飞机概念方案也被频频提出的国际航天大背景下，着手开始进行规划和论证的。

1986年4月，我国成立了以屠善澄为首席科学家的"863计划"航天领域专家组，其主要使命是针对航天领域的未来高科技，尤其是载人航天发展的技术途径进行论证。在当时的"863计划"中，并没有限定载人航天以何种形式作为天地往返运输系统，是像美国一样研制航天飞机，还是像苏联那样研制载人飞船，无疑成了争论的焦点。

为了集中国内各方面的科研力量并充分听取各方的意见，1987年4月，"863计划"航天领域专家组发布了"关于大型运载火箭及天地往返运输系统的概念研究和可行性论证"的招标通知，以招标的方式选择在航天运载技术方面有优势的单位论证载人航天方案。

一石激起千层浪，当时的航天工业部、航空工业部、国家教育委员会、中国科学院、中国人民解放军总参谋部、国防科工委等系统的60多家科研单位参与了这场决定我国载人航天计划发展方向的大论证。在短短2个月的时间里，各单位提出了11种技术方案，其中以航天飞机作为突破口的方案居多。

经过专家组的筛选，从这些投标的方案中选定6个技术方案进行深入的可行性论证。这6个方案中，有5个是航天飞机或空天飞机的方案，只有1个是载人飞船的方案。

其实在此之前的1986年6月，国防科工委就要求开展航天飞机方案的论证工作，航空工业部下属601研究所组织有关专家成立了航天飞机论证工作组，并于同年9月召开了第一次航天飞机论证会，并将这项概念研究称为"869工程"，其目标是针对可重复使用航天运载器进行研究和初步的概念方案设计。

"869工程"提出的航天飞机有效载荷为7吨，可搭载3~5名航天员，也可实现无人自动驾驶，轨道高度300~500千米，可在轨停留2~7天。发射方式为垂直发射，轨道器长17米，翼展10米，机身直径3.5米，起飞重量17吨。这个方案采用火箭动力的发动机，优点是动力装置较为成熟，可利用现有的发动机，轨道器技术风险小，也比较好研制。同时，也提出了采用吸气式发动机的单级入轨和两级入轨等多个方案。

但也有一些部门和专家主张我国载人航天计划应以飞船研制作为起步。中国空间技术研究院508

研究所的专家在 1986 年 4 月的一次讨论会上，提出了采用飞船向空间站运送人员与货物，载人飞船同时兼作空间站轨道救生艇的概念方案。

　　这一方案得到了空间技术研究院科技委主任王希季等领导的支持。会后，在进一步调研和分析的基础上，508 研究所于 1987 年 2 月提交了题为《中国空间站的救生艇及其应用》的报告，系统地阐述了以载人飞船作为轨道救生艇及近期天地往返运输系统的理由和意义，提出了载人飞船的具体设计方案，明确指出采用飞船作为空间站的天地往返运输系统是我国国力唯一可以承担的方案。

当时另一位航天专家褚桂柏也主张我国应以飞船作为实现载人航天的突破口。他在 1988 年撰写的一篇文章中指出，我国载人航天活动在初期发射频率不会很高，使用一次性的飞船比较经济，技术难度小，易于尽快掌握载人航天技术。

　　针对当时国内关于航天飞机与载人飞船的争论，王希季院士冷静地撰文指出发展空间站和载人飞船的意义，以及航天飞机存在的不足：航天飞机人货混运，系统复杂，可靠性低，在经济上和技术上都不合理；有效载荷小，采用同样的发射能力，一次性入轨可达 102 吨，而为了航天飞机的重复使用，真正运送入轨的重量只有 28.5 吨，仅达到可用运载能力的 28%；用航天飞机作为运载器建造空间站，存在运输器与空间站本体之间的匹配问题，设计难度大；航天飞机不适合作为航天救生艇；技术难度大，研制费用高。王院士还指出，航天飞机如果重复使用的次数在一定周期内达不到一定的数量，其单次运载成本比一次性运载器成本还要高，因此通过重复使用来获得经济上的节约目标是难以实现的。

　　1988 年 7 月，"863 计划"载人航天技术专家组针对从各科研单位招标选定的 6 个方案进行评审。会上得出了统一的意见：航天飞机和空天飞机虽然是未来天地往返运输系统可能的发展方向，但中国目前还不具备相应的技术基础和投资力度，尚不宜作为 21 世纪初的跟踪目标；带主动力的航天飞机要解决火箭发动机的重复使用问题，难度比较大；可供进一步研究比较的是多用途飞船方案和不带主动力的小型航天飞机方案。最终，专家组将目光集中到运载火箭研究院提出的小型航天飞机方案与空间技术研究院 508 所提出的多用途载人飞船方案，这两个方案经专家打分，前者 84 分，后者 83.69 分，可以说是不分伯仲。

国防科工委和航空航天工业部有关领导对载人飞船与小型航天飞机两种方案的学术争论高度关注。1989 年 2 月 25 日，部党组专门委托庄逢甘、孙家栋两位专家主持召开载人飞船与小型航天飞机比较论证会。会上，508 研究所李颐黎研究员作为载人飞船方案的代表发言，他从技术可行性、国家经济承受能力和技术风险等方面将载人飞船方案与小型航天飞机方案做了比较。他认为，从国情出发，绝不能搞航天飞机。经过这次比较论证，航空航天工业部在中国载人航天发展的途径上逐渐达成共识。

1991 年 1 月 7 日，航空航天工业部成立"载人航天联合论证组"。经过 3 个多月的工作，论证组提出了载人飞船工程总体方案和飞船工程的技术指标与技术要求。3 月 15 日，李鹏总理听取了任新民院士等有关专家的汇报。1992 年 1 月 8 日，中央专门委员会召开会议，专门研究中国载人航天发展问题。1992 年 8 月 25 日，中央专门委员会向党中央、国务院、中央军委递交了《关于开展我国载人飞船工程研制的请示》。1992 年 9 月 21 日，中共中央政治局十三届常委会第 195 次会议讨论同意了中央专门委员会《关于开展我国载人飞船工程研制的请示》，正式批准实施中国载人航天工程。

长达数年的航天飞机与载人飞船之争以及最终的决策，充分体现了我国大型科研项目论证的科学性与民主性，不盲目追随国外技术潮流，充分地将技术需求与技术可行性相结合，脚踏实地、独立发展。载人飞船这一抉择，可以说为我国载人航天事业的发展奠定了关键的一步。

2.2 细说载人飞船

虽然航天飞机从 20 世纪 80 年代到 21 世纪初, 在载人航天飞行任务中发挥了极其重要的作用, 但"挑战者"号与"哥伦比亚"号航天飞机的两次机毁人亡的事故, 让航天领域的专家学者不得不再次思考航天飞机的价值与未来的发展。也让人们从对航天飞机的狂热、对空天飞机的种种美好愿景中冷静下来, 重新审视在人类载人航天飞行中曾发挥过重要作用的载人航天器——载人飞船, 重新挖掘其技术与应用的优势。

1961 年 4 月 12 日, 苏联宇航员加加林乘坐"东方"1 号载人飞船升空, 成为在太空绕地球飞行的世界航天第一人, 开创了人类载人航天飞行的历史。这一壮举, 不仅让加加林永载史册, 同时也让载人飞船深入人心, "东方"1 号是人类最早的载人航天飞行器。

载人飞船是一次性使用的小型载人航天飞行器, 它在太空轨道上通常可单独飞行数天到十几天, 也可作为往返于地面和空间站之间、地球与月球之间, 或地球与其他行星之间的太空运输工具。它还能够与空间站或其他航天器进行对接, 形成组合体进行联合飞行。

除了载人, 飞船

🌐 苏联宇航员加加林实现了人类的飞天梦

"东方"1号飞船与火箭分离

还可以根据飞行任务的需要设计成为货运飞船，这样将载人与载货分开，从而降低了系统的复杂程度，可提高飞船的可靠性。在近地轨道飞行的载人飞船，通常被称为卫星式载人飞船，它可以环绕地球进行飞行。除此之外，还有针对登月任务设计的载人登月飞船，以及未来会研制的登陆火星用的行星际载人飞船。目前发射最多、用途最广泛的要数卫星式载人飞船，这种飞船像卫星一样在距离地面几百千米的近地轨道上飞行。

从构型上讲，卫星式载人飞船有单舱式、双舱式和三舱式之分。其中单舱式最为简单，只有宇航员的座舱；双舱式由宇航员座舱和服务舱组成；而三舱式最为复杂，比双舱式多一个轨道舱。有出舱行走或对接任务的载人飞船还有气闸舱或对接机构等。为预防返回着陆时发生落点偏差，载人飞船大都配有应急救生装置。

宇航员的座舱是载人飞船发射和返回过程中宇航员乘坐的舱段，也是飞船的控制中心，也被称为指令舱。它不仅要和其他舱段一样承受起飞、上升以及在轨运行阶段的各种应力和飞行环境，还要经受返回时再入大气层阶段的减速过载和气动加热。座舱内安装有座椅、仪表、照明灯和通信设备等必需的设备。

服务舱也被称为设备舱或仪器舱，它通常连接在座舱后面，安装有推进系统、电源、气瓶和水箱等设备，为载人飞船提供动力以及为宇航员提供氧气和水，因此它的作用是保障与服务。

轨道舱也被称为工作舱，位于座舱的前面。相对于单舱和双舱式的，三舱式载人飞船所增设的轨道舱可增加宇航员的活动空间。轨道舱内安装有多种试验设备和实验仪器，可开展更加多样的科学实验，是宇航员在轨工作的场所。

气闸舱是宇航员在轨出舱和由太空返回舱内时，为了保证飞船舱内的气体不至于全部泄漏到太空中而设置的气密性设备。在双舱式飞船中，气闸舱是座舱的一部分，而在三舱式飞船中则是轨道舱的一部分。对接机构也称对接舱，它与双舱式飞船的座舱或者三舱式飞船的轨道舱相连，用于与其他飞船或空间站对接并锁紧。

载人飞船系统较为复杂，为了保证宇航员能够安全进入太空并安全返回地面，载人飞船通常设有结构系统、生命保障系统、热控系统、姿态控制系统和轨道控制系统、推进系统、无线电通信与测控系统、电源系统、仪表与照明系统、返回着陆系统、应急救生系统等。其中，生命保障系统、应急救生系统和仪表与照明系统等是载人飞船所特有的，因此载人飞船比无人的卫星要复杂得多，是人类航天技术

的突破与集大成者。

载人飞船的主要任务是开展短期的太空飞行、运送宇航员及货物，因此它的飞行时间较短，且为一次性使用，返回时沿弹道或半弹道式路径返回。在返回时，为了减速、防热以及结构上的需要，要求返回的系统越简单越好，因此真正返回地面的只有座舱，这也是载人飞船要进行分舱设计的重要原因。

座舱是载人飞船的核心，也是唯一要经过大气层返回地面的舱段。因此，飞船的座舱外形设计就显得十分重要，通常采用无翼的大钝头旋成体，呈锥形或钟形。采用这种外形，具有结构简单、工程上易于实现等优点，但主要是为了满足再入大气过程中减阻和防热的需要。

⬆ 指令舱就是宇航员的座舱，返回时称为返回舱

1967年1月27日，在美国"阿波罗"1号飞船发射前的一次例行测试中，飞船指令舱内发生火灾，由于当时飞船的舱门设计不合理，无法应急打开，导致三名宇航员维吉尔·格里森、爱德华·怀特及罗杰·查菲不幸遇难。

当载人飞船再入大气层时，座舱在距离地面40千米左右的高空进行减阻，最大的过载可达8g左右，通过弹道的修正可减小过载至4g左右。这样的过载，对于经过特殊训练的宇航员来说是可以承受的，但对于作为飞船乘客的普通大众来说，依然具有极大的挑战与风险。

除了要设计好满足气动力和气动热要求的外形外，在座舱结构设计中，还要充分考虑宇航员进出的方便性，应设有逃逸口。飞船在上升和返回过程中，若发生故障，需要应急弹射时，座舱门应可以迅速打开；而在轨运行或降落在海面时，则要求座舱门完全密封。

座舱通常还设有视野开阔的舷窗，以便于宇航员观察在轨交会对接情况、返回点火时飞船的姿态，以及再入着陆后的地面环境情况等。苏联/俄罗斯的宇航员曾多次在自动对接系统失灵的情况下，通过舷窗进行手动对接并获得了成功。

在太空飞行时，光线的明暗对比度极大，交替变化也很快，一般人眼很难适应，有可能会造成视觉上的幻象。因此座舱设计有特殊的照明系统，以便宇航员能够清楚地看到仪表指示数据。另外，飞船上还装备有高亮度的摄影灯，以便在交会对接时能让自动对接系统清楚目标航天器对接口的精准位置，必要时也可以由宇航员目视进行手动对接。

载人飞船的气闸舱有两道闸门，一个与座舱或轨道舱连接，称为内闸门，另一个是可通往太空的外闸门。宇航员出舱前要在座舱或

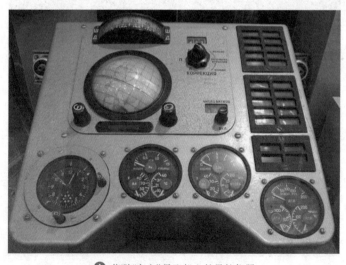

🔊 苏联"东方"号飞船上的导航仪器

轨道舱内穿好宇航服，然后走出内闸门，再关闭内闸门，把气闸舱内的空气抽入座舱内；当气闸舱内的压力和舱外压力相等时，就可以打开外闸门进入太空了。宇航员返回气闸舱时则按照上述相反的顺序操作。内、外闸门的气密性对于载人飞船的安全性是至关重要的，闸门的操作要细致、熟练，避免发生漏气，否则会发生无法估量的后果。

⬆ 气闸舱的外舱门密封时舱口很小

1965 年 3 月，苏联"上升"2 号飞船首次应用了气闸舱，宇航员列昂诺夫走出了载人飞船，成为太空行走第一人。

由此可见，虽然载人飞船飞行时间短、体积小，但由于载人飞行的需要，增加了一系列的安全保障、

⬆ 苏联宇航员列昂诺夫实现了人类第一次太空行走

生命保障的特殊系统，所以要比普通的卫星系统复杂得多。由于载人飞船在再入大气层飞行过程中要经受 1000℃ 以上的高温，除了采用隔热材料，还需通过材料烧蚀来减少热量的激增，同时在着陆时还要承受一定的冲击，这些都会对飞船结构体造成一些无法修复的损坏，因此目前载人飞船都是一次性使用的。要想载人飞船能够重复使用，就需要在减少飞船过载冲击和结构的高温防热两方面做大量的研究工作，或许未来载人飞船可以实现重复使用。

2.3 载人飞船的发展历程

苏联／俄罗斯的载人航天飞行，迄今已经走过了60年的发展历程，载人飞船也经历了三代的发展与进步，现在仍然在人类的载人航天领域发挥着重要的作用。

苏联的第一代载人飞船是"东方"号。宇航员尤里·加加林就是乘坐"东方"1号进入太空，成为人类太空第一人的。"东方"号采用双舱式设计，由球形座舱和倒圆的锥形服务舱组成，重量为4.7吨，仅能乘坐一名宇航员，最长飞行时间为5天。世界上第一名女性宇航员捷列什科娃乘坐"东方"6号载人飞船进入太空，并在太空开展了多项科学实验和研究。"东方"号载人飞船的座舱单独再入大气层返回地球，在距离地面7千米高度，宇航员靠弹射座椅离开座舱，打开降落伞实现着陆。

在"东方"号载人飞船的基础上，改进形成了"上升"号飞船，这是苏联的第二代载人飞船。"上升"号飞船将笨重的弹射座椅改成了3把具有缓冲减震功能的宇航员座椅，可乘坐3人。在座舱外增设

返回舱

服务舱

🔺 加加林乘坐的"东方"1号飞船结构

了气闸舱，以便宇航员开展出舱活动。飞船座舱再入大气层后，通过降落伞配合着陆缓冲用的制动火箭，实现飞船座舱的整体着陆。这一改进也使得"上升"号载人飞船的重量有所增加，达到了 5.5 吨。1964 年 10 月，"上升" 1 号飞船首次搭载宇航员绕地飞行，进行了天体物理、航天医学和生物学的研究与技术试验。1965 年 3 月，苏联宇航员列昂诺夫搭乘"上升" 2 号载人飞船进入太空，并经由气闸舱走出飞船，实现了人类首次太空行走。

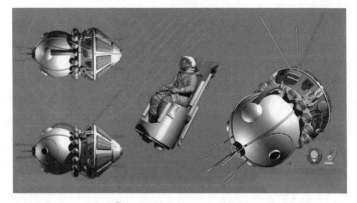

↑ "东方" 1 号飞船和弹射座椅

↑ "上升" 1 号飞船内部

"联盟"号是苏联研制的第三代载人飞船，1967 年开始投入使用。它由近似圆球形的轨道舱、钟形座舱和圆柱形服务舱组成，重量约为 6.8 吨，可乘坐 3 名宇航员，主要是为空间站提供运输服务。

"联盟"号的轨道舱分割为工作区和生活区，轨道舱的前端还安装有交会对接机构，具有轨道机动飞行和交会对接的功能。"联盟"号可与当时的苏联"礼炮"号空间站进行对接，宇航员可通过对接机构进入"礼炮"号空间站内。如果没有对接任务，该对接机构处可安装其他科学实验仪器。

"联盟"号的座舱是飞船上升和返回地面时宇航员所在的地方，在轨飞行时它与轨道舱相通，宇航员可在两舱之间来回活动，从而扩大了宇

"联盟"号飞船在太空飞奔

航员工作与生活的空间。座舱装有操纵飞船的设备、生命保障系统、减震座椅，座舱外部备有降落伞和着陆制动火箭。座舱具有良好的密闭性，也可以在水面溅落。

"联盟"号的服务舱装有供机动飞行和返回时使用的火箭发动机以及所需的推进剂，还有飞船系统的辅助电源。舱外安装有天线、散热器和太阳能电池板。

"联盟"号是典型的三舱式载人飞船，与"东方"号、"上升"号相比，它的内部供工作与居住的空间增加了一倍。座舱由球形改为钟形，这样可通过气动力更好地控制飞船再入时的姿态以及更精确地控制落点位置。宇航员返回时可操纵座舱，改变再入时的攻角，以获得一定的升力，通过一系列的调节可减小偏差，使飞船沿半弹道式的路径返回。相对于前两代弹道式的返回路径，这能够更有效地调节航程和纠正横向落点的偏差，而且返回过程中最大的过载也从 $8\sim9\,g$ 减小到了 $3\sim4\,g$，宇航员的身体感受会好很多。历史上，苏联的"上升"2 号载人飞船在返回地面时出现过故障，宇航员侥幸降落地面，可降落点与预计的竟然偏差 3 200 千米，险些丧命茫茫荒野。这一事件之后，载人飞船如何控制落点精度被作为重要的关键技术加以研究，现在已经可以控制在

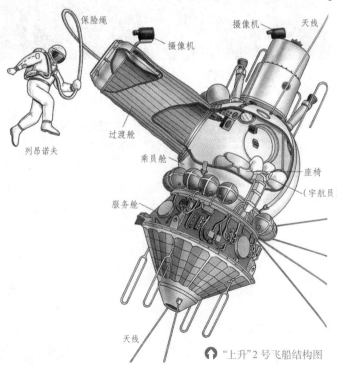

保险绳

摄像机

天线

摄像机

过渡舱

列昂诺夫

乘员舱

座椅（宇航员）

服务舱

天线

"上升" 2 号飞船结构图

几千米范围内，为载人飞船落地后的搜救工作提供了极大的便利条件。

"联盟"号飞船在轨道上做过编队飞行、交会对接试验，还开展了大量的对地观测、生物学以及材料焊接等试验。它可独立自主在太空飞行，也可为空间站接送宇航员，与空间站对接后成为空间站的一个部件舱，一起在太空中联合飞行。

1979年以后，"联盟"号得到了进一步的改进，升级为"联盟"T号载人飞船，它采用了新型计算机系统，从而具备自动对接能力，提高了对接的可靠性。"联盟"T号飞船还安装了新型的太阳能电池板，在轨寿命得到了延长。它还安装有更大推力的发动机，具备更高的机动能力，如果与空间站对接失败，还可以重新调整姿态再次进行对接。

1986年，得到进一步改进升级的"联盟"TM号飞船投入使用。它采用先进的交会对接系统，可使飞船与处于任何相对姿态的空间站对接，而空间站不必进行机动调整。降落伞由强度更高、质量更轻的材料制成，且占据的体积也更小，减少的重量增加了发射和带回的有效载荷。

随着空间站的应用与发展，飞船的货运量有了很大的增加，从1978年开始，"联盟"号飞船经过改装成为专门运送货物的飞船，称为"进步"号。该飞船每次飞行可为空间站送去两吨多重的物资。

在美国，载人飞船从1961年开始也经历了三代的发展。第一代是1961年5月至1963年5月使用的"水星"号载人飞船，它采用单舱式设计，重量为1.3~1.8吨，仅能乘坐一名宇航员。它是美国早期开展载人太空飞行的航天器，从亚轨道飞行再到绕地太空飞行，逐步考察人在空间环境下的生存和工作能力。1962年2月20日，美国宇航员约翰·格伦搭乘"水星"号载人飞船进入太空，成为美国太空飞行第一人，世界太空飞行第二人。

苏联的载人飞船返回地点均为陆地，而美国的都在海洋上。海洋回收的优点是没有障碍物，易于被发现，而且缓冲性能也好一些，但对座舱的密封性能要求相应也更高些。载人飞船落点精度也是当时美国人要面对的问题之一，"水星"号飞船的第三次飞行着陆点与预计的偏离了402千米，这也是相当大的偏差，与当时苏联人的偏差相比虽然小很多，但也只能说是"五十步笑百步"。

"水星"号飞船进入太空

约翰·格伦拍摄的地球

1965 年，美国开始使用第二代载人飞船"双子星座"号，它为双舱式飞船，由座舱和服务舱两个舱组成，重量为 3.2~3.8 吨，最大直径 3 米，可乘坐两名宇航员（"双子星座"号的名称大体上也可以认为是由此而来的）。

"双子星座"号载人飞船的座舱分为密封和非密封两部分，密封部分装有显示仪表、控制设备、废物处理装置、两个弹射座椅，以及食物和水等；非密封部分装有无线电设备、生命保障系统和降落伞等。座舱前端装有交会对接用的雷达和对接装置。飞船的服务舱分为上舱和下舱两部分，上舱装有 4 台制动发动机，下舱装有轨道机动发动机及其燃料、轨道通信设备及电池等。服务舱内壁设有用于流动制冷液的管子，这是飞船的热控系统。

"双子星座"号载人飞船共进行了 10 次载人飞行，它具有轨道机动、交会对接能力，还能够让宇航员出舱进行太空行走，这些都是为数年后的"阿波罗"飞船的载人登月飞行做技术准备。

"双子星座"号载人飞船在返回前先抛弃服务舱的下舱，然后启动 4

台制动火箭进入再
入轨道，再抛掉上
舱。随后座舱进入大
气层，下降到低空时
打开降落伞，最后座
舱在洋面实现溅落，
等待搜救船只和直
升机前来接应。

"阿波罗"飞船
可以认为是美国的第
三代飞船，它的任务
是载人实现登月，也
是目前唯一得到应用
的登月式载人飞船。
"阿波罗"登月飞船

"双子星座"7号飞船

也可以认为是三舱式飞船，所不同
的是轨道舱变成了登月舱，它由座
舱、服务舱和登月舱组成。由于座
舱在整个任务过程中起到指挥和发
布指令的作用，因此座舱在"阿波
罗"登月飞行中，更多地被称为指
挥舱或指令舱。服务舱为圆柱形，
装有主发动机、姿态控制系统、环
境控制系统和电源系统等，能够为
3名宇航员提供14天的生活保障，
可满足登月飞行时间的需要。登月
舱由上升级和下降级两部分组成，
用于将两名宇航员从环月轨道下行
并在月面着陆，完成任务后再由上
升级把宇航员送回环月轨道，并与

"阿波罗"10号登月舱距离月球15.6千米

指令舱对接。

1969 年 7 月 21 日，"阿波罗" 11 号飞船首次将两名宇航员送上了月球，实现了人类登月的梦想。

之后，"阿波罗" 飞船总计 5 次把 10 名宇航员送上月球，其中 "阿波罗" 15、16、17 号登月舱中，都携带过一辆重达 200 千克的登月车。

"阿波罗" 13 号登月飞行任务因服务舱液氧贮箱中途爆炸而中止了登月任务，在地面科研人员和飞船机组人员的共同努力下，借助登月舱的动力系统成功地将宇航员带回了环绕地球的轨道，并最终安全返回地面。

1975 年 7 月，美国发射了一艘 "阿波罗" 载人飞船，与苏联的 "联盟" 号载人飞船进行对接，两个超级大国的宇航员在太空相互握手，这一举动曾轰动一时。

⬆ "亚特兰蒂斯" 号即将发射

美国在此次载人飞船发射之后，就停止使用飞船进行载人太空飞行，转而发展并应用航天飞机，载人太空飞行进入了一个新的时代。

美国的航天飞机时代从 20 世纪 80 年代初开始，持续了 30 年的时间，其间经历了 "挑战者" 号与 "哥伦比亚" 号两次重大的航天飞行事故，造成机毁人亡的惨剧。2011 年 7 月

⬆ "联盟" 号飞船对接 "和平" 号空间站

21 日，美国"亚特兰蒂斯"号航天飞机在肯尼迪航天中心顺利着陆，完成了美国航天飞机项目的第 135 次，也是最后一次的飞行，持续了 30 年的航天飞机时代宣告结束。

"联盟"系列载人飞船历经多次改进，至今仍在发挥其载人太空飞行的作用。航天飞机退役后，美国不得不租用俄罗斯的载人飞船为国际空间站接送宇航员及运送货物补给，这一服务已持续了将近十年。载人飞船不仅没有被航天飞机所取代，还在航天飞机时代结束后，依然活跃在载人航天飞行领域，可谓是载人航天器中的"常青树"。

 ## 2.4 "神舟"号载人飞船的创新

我国"神舟"号飞船推出之后，国外曾有许多质疑之声，国内对航天器不太了解的人们也提出了一些疑问：中国的飞船是不是"山寨"了俄罗斯的"联盟"号飞船？

爱尔兰独立航天评论作家布莱恩·哈维（Brian Harvey）于 2004 年出版了一本著作《中国航天计划：从概念到载人太空飞行（The Chinese Space Programme：from conception to manned spaceflight）》，书中驳斥了西方国家对中国"神舟"号飞船的质疑。哈维在书中写道："人们对中国航天计划有很多错误认识，许多说法反映了西方文化的一个观点，即中国不可能掌握这种技术。我认为着眼于中国很多年来实施他们计划的方式，则对理解事实更有帮助。他们采用一种缓慢、耐心、谨慎和有组织的方式，仔细地做出决定。他们借鉴过别人，不过程度相当有限。" 哈维的这一观点是对中国航天发展较为中肯的评价。

"神舟"号飞船与"联盟"号飞船外形上的确有相似之处，但并不是完全地照搬照抄，在尺寸上有显著的差别："神舟"号飞船返回舱的直径是 2.5 米，"联盟"号飞船返回舱的直径为 2.2 米；"神舟"号飞船返回舱的主降落伞是 1 200 平方米，"联盟"号飞船返回舱的主降落伞是 1 000 平方米；"神舟"号飞船的轨道舱是直径 2.25 米的圆柱体，而"联盟"号轨道舱是由直径 2.2 米的球体中间夹着一段 0.5 米长的圆柱体组成。尺寸上的改变，使得整个"神舟"号飞船体积要比"联盟"号飞船大 13%，乘员可增加到 4 人。

从外观上看，"神舟"号飞船基本上都是白色的，其中返回舱是银灰色。"联盟"号飞船除了服务舱的下半部分是白色的，船体其他部分都是黑色的。这黑色的部分是由于外面裹着隔热毯，而"神舟"号飞船的隔热毯为白色，这说明二者在隔热材料与技术上有一定的区别。"神舟"号飞船的返回舱在烧蚀后能看到明显的蜂窝状结构，这与美国"阿波罗"号飞船返回舱相似，而"联盟"号飞船的返回舱则没有这种结构，可见在热防护技术方面，"神舟"号飞船博采众家之长，采用了更为先进可靠的新技术。

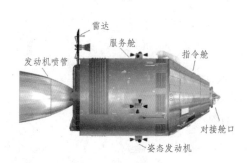

↑ "阿波罗"号飞船结构

同时，"神舟"号载人飞船轨道舱的设计与"联盟"号有相当大的区别。由于苏联很早就有了空间站，因此"联盟"号飞船只是作为宇航员的天地往返交通工具使用，任务完成后，其轨道舱就与返回舱分离，轨道舱不再使用，不久就会坠入大气层烧毁。而"神舟"号飞船轨道舱有独立的太阳能电池板和小推力姿控火箭发动机，这些是"联盟"号所没有的。"神舟"号飞船在完

↑ "联盟"号飞船

成载人在轨飞行任务后，轨道舱还可以独立在轨运行长达半年时间，其作用相当于一个小型的无人空间站或一颗卫星，还可以作为下次"神舟"号飞船的对接目标航天器。这一设计显然是结合了我国目前还没有空间站的国情，在航天器设计时尽可能做到多功能与多用途。

博物馆里"上升"1号的返回舱

"神舟"号载人飞船的太阳能电池板是可以转动的，可始终面向太阳，使得太阳能电池得到最充分的利用。而"联盟"号飞船的太阳能电池板是不能转动的，这种结构设计要相对简单，但

"神舟"号飞船张开太阳能电池板时的雄姿

需要通过调整飞行姿态才能使太阳能电池尽可能多地发电。"神舟"号飞船的太阳能电池板的总面积达 36 平方米，而"联盟"号飞船的只有 10 平方米。

在再入方式上，"神舟"号飞船利用先进的气动控制技术实现升力式再入，而"联盟"号飞船则是采用半弹道式。前者的着陆点偏差半径仅为 6~24 千米，而后者偏差半径则为 35 千米。

　　"神舟"号载人飞船与运载火箭采用垂直总装、垂直测试和垂直运输，这种"三垂"方式是目前国际上较为先进和高效的；而"联盟"号还是采用水平总装、垂直测试、水平运输，吊装的次数多，步骤烦琐。

　　我国"神舟"号载人飞船借鉴了苏联与美国载人飞船的发展经验，跳过第一代与第二代载人飞船，以后发优势研制了第三代载人飞船。同时，也结合我国国情与航天技术发展的需要，进行了多项技术改进与创新，以其别具一格的特色与先进的技术，成为世界载人航天飞行器大家族中的一员，比肩国外先进载人飞船。

　　"神舟"号载人飞船具有极高的可靠性，近20年来，一次又一次顺利安全地搭载航天员往返天地之间，出色地完成了绕地飞行、在轨试验、航天员出舱，以及交会对接等航天飞行任务，用事实与行动回应了最初的质疑。

"神舟"五号返回舱进入大气层

2.5　载人飞船的回家之路

　　航天飞机能够像普通飞机那样准确地在预定的跑道降落，这是其吸引人的优势之一。而飞船则大多数是以弹道或半弹道式的方式返回地面，即使是通过控制再入攻角调节飞船的升力，从而减小纵向与横向航程偏差，也很难做到百分百精准定点降落。目前最先进的再入控制技术，对于载人飞船来说，也会有数千米的落点偏差。无论是苏联还是美国早期的载人飞船，都出现过数百千米甚至上千千米的着陆点偏差，这给人们搜索返回地面后的宇航员带来了极大的困难，宇航员也因此险些命丧荒野或茫茫大海。因此，对于载人飞船的返回必须选择好合适的着陆场。

载人航天的着陆场简单来说，就是要划定一个区域作为飞船着陆的区域，通过对飞船离轨位置、时间与姿态的预先设定，确保飞船最终能够在划定的航天着陆场着陆。根据载人航天飞行任务的特点，载人航天着陆场的主要职能就是跟踪测量返回末端的飞行轨道，接收并记录返回舱的遥测数据，按要求发送遥控指令，根据遥测数据预测返回舱的着陆点，并派出搜救直升机、地面车辆等搜寻返回舱；在找到返回舱后，协助宇航员出舱，并将返回舱及宇航员转运到指定的地点。为了保障载人飞船安全地着陆返回，通常着陆场还要能够提供气象保障服务，并与航天指挥控制中心保持通信联络。

↑ "神舟"五号返回舱落地，救援部队到达

↑ 杨利伟在返回舱里向搜救人员示意成功返航

苏联是最早实现载人飞船返回的国家，苏联在着陆场的选择方面遵循的是内陆"大着陆场"的原则。这主要是由于苏联国土横跨欧亚大陆，幅员辽阔且人口稀少，可利用的着陆面积大。同时苏联以往的战略洲际导弹试验的目标靶场和返回式卫星的回收区也是在内陆，因此在着陆场的选择上可以有良好的继承性，所以苏联选择的是陆上回收的方式。具体来说，其着陆场位于现在属于哈萨克斯坦共和国境内的拜科努尔航天发射场东北方向500~1 000千米的一片大草原上，即

苏联选择陆上作为载人飞船的着陆场有其独特的优点：首先这里地势平坦、人烟稀少、自然条件适宜作为航天着陆场；其次这里距离拜科努尔航天发射场相对较近，可以综合利用发射场的测控通信设备进行返回段的测控；第三是因为这里的地理纬度与飞船的轨道倾角相近，飞船连续飞行3圈都经过着陆场上空，可增加返回的机会，使得返回回收任务的安排更加主动，并提高了返回着陆的可靠性。

美国飞船的返回舱溅落在海面上

东经66°至74°、北纬46°至52°的范围内，面积非常辽阔，达到了420 000平方千米。

而美国则选择了与苏联截然不同的海洋回收的方案。从最早的"水星"号载人飞船到"阿波罗"号载人飞船，着陆场均选择在大西洋或太平洋上。美国之所以这样做，主要是由于美国拥有强大的海军力量，从大西洋到太平洋，以及在世界多个国家和地区都设有海外的军事基地，这些力量可直接服务于飞船的海洋回收。同时，选择海洋回收，相对陆地回收可降低对着陆点精度的要求，从而也降低了对飞船气动外形设计、再入控制的要求，以及宇航员操作的训练要求。另外，海洋面积更加辽阔，选择水上着陆可以具有更多的再入窗口，返回回收具有更好的灵活性与可靠性。不过，这样选择的前提条件还是因为美国拥有遍布全球的海军力量。

我国与苏联、美国有着不一样的国情，从地理特征来说，我国虽然也具有辽阔的陆地，但地势是西高东低，山地、丘陵和盆地占据国土总面积的62%，高原约占26%，平原约占12%。而平原地区无论是东北平原还是华北平原，又都是人口、房屋、树木密集的地区，不适合做着陆场；山地、丘陵、盆地、高原从地形地貌来说大多又不满足返回舱安全着陆的要求，因此我国不具备像苏联那样选择"大着陆场"的条件。同样，我国也不具备美国那样遍布全球的海军力量，因此也不能选择海洋回收的方式。

我国航天科研人员经过综合分析与反复论证，最终确定采用一主、一副的"多着陆场"方案，即在内蒙古自治区中部地区选择确定一个主着陆场，在内蒙古自治区西部地区选择确定一个副着陆场。主副两个着陆场的选择具有很好的互补性，可以有较多的轨道圈次经过着陆场。载人飞船在正常情况下采用升力控制式返回，具有较高的落点精度，如果飞船发生异常，即使采用着陆精度较差的弹道式返回，也可以确保在着陆场区域范围内着陆，不至于落到我国领土以外的地方。

我国载人航天主着陆场位于内蒙古自治区四子王旗阿木古郎草原，"阿木古郎"是蒙古语"平安"的意思，选择这里作为载人飞船的着陆场，也寓意着我们的航天员能够平安回家。这里海拔高度1 000至1 200米，地势平坦、开阔，地质属沙质草地，没有大规模的河流，气候干燥、少雨。当地以畜牧业为主，牧民已基本从游牧转变为定居的生活方式，蒙古包很少，也没有高大的树木和建筑。我国的"神舟"号载人飞船在轨运行期间，每天都飞临主着陆场，通过轨道调整还可以增加飞经主着陆场的圈次。同时，这里距离我国东风航天发射中心较近，可综合利用东风发射场的测量设备，用以跟踪测量返回弹道。

我国载人航天主着陆场的着陆区域方圆7 000平方千米，如果飞船按弹道式返回则着陆范围超过20 000平方千米，在如此广阔的区域内搜索一个直径不到3米、高度约2米的物体，即使不算大海捞针，也具有相当大的难度。不过通过飞船着陆前的遥测数据，大体上可以预测出着陆点的位置，可以将搜索的区域缩小到几十平方千米的范围内。

我国"神舟"号载人飞船在返回时，通常由5架"米-171"直升机进行空中搜索，以便能够较早发现飞船。在已开展的多次"神舟"飞船返回搜索任务中，我国的直升机飞行员均目视到飞船返回舱的主降落伞打开，并非常迅速地跟进，飞到飞船的最终落点。在地面则有10辆特种搜索车辆，协同空中的直升机同时开展搜救任务。

载人飞船返回与着陆都是风险较大的飞行过程，为了确保航天员的生命安全，载人航天飞行任务务必要做到能够尽快找到返回舱、第一时间救援航天员、第一时间报告现场情况，特别是在航天员受伤的情况下，更是要争分夺秒，力争在"黄金时间"内对航天员实施救治。

载人飞船返回舱在返回过程中，最显著的目标就是会打开一顶面积达1 000多平方米的主降落伞。目前无论是弹道式、半弹道式返回航天器，都采用降落伞作为气动力减速装置。飞船返回舱的降落伞系统由主、备两个独立的分系统组成，主、备降落伞分系统均由引导伞、减速伞和主伞组成。在降落的过程中这三顶伞依次打开，逐级减速，让航天员所感受到的减速过载不至于过大。

主伞系统的启动工作高度约为 10 千米，如果飞船返回舱下降到 6 千米，由监控装置测量下降速度，若下降速度大于 20 米/秒，即可判断主伞出现故障，必须转入备份伞系统工作程序。如果一切顺利，在返回舱距离地面约 1 米高度时，系统会发出指令，返回舱底部的 4 台缓冲火箭发动机点火，使返回舱迅速减速到 2 米/秒，并最终降落在地面。飞船返回舱落地后，主伞会自动抛掉，以防止风吹动伞衣拖拽返回舱在地面滑跑或发生滚转，从而对舱内的航天员造成伤害。

载人飞船返回舱的降落伞，犹如一朵朵盛开在内蒙古大草原上的花朵，鲜艳而美丽。1999 年 11 月 21 日，"神舟"一号无人试验飞船顺利返回地面，这朵美丽的空中之花第一次出现在空中，标志着我国载人航天事业迈出了关键性的一步。随后的十几年间，从无人飞船试验逐步发展到开展载人太空飞行，共计 11 位航天员在顺利完成航天飞行任务后，安全返回地面，不负祖国和人民的重托。

第**3**章

戈壁滩上升起的"神箭"

>>>

3.1 古代"飞天之地"的航天发射场

　　从机场坐飞机出行已经成为我们生活中习以为常的事情了，人们也由此幻想：未来或许也能像乘坐民航客机一样，我们从某个航天港出发，搭乘火箭进入太空做一次太空之旅，或许我们还可以飞抵月球、火星……如此美好的愿望，我们相信在未来某一天一定会实现，而我们现在的航天发射场就是未来航天港的雏形。

　　早在公元 4 世纪起，我国西域的先民们就开始在敦煌莫高窟的石壁上绘制飞天的图案，这一艺术创造延续了上千年，给中华民族留下了无比珍贵的艺术遗产。敦煌飞天的形象流传至今，它既是艺术的成就，也体现了我国古人对飞翔于天空、与日月为伴的美好愿望和向往。

　　"大鹏一日随风起，扶摇直上九万里。"中华民族自古就是有梦想的民族，"探索浩瀚宇宙，发展航天事业，建设航天强国，是我们不懈追求的航天梦。"在追梦的道路上，航天人不畏艰难险阻，勇于开拓、勇于创新，创造了一个又一个的奇迹。

　　就在我国古人于石壁上绘制飞天图案的 1 500 多年后，距离敦煌莫高窟以东约 400 千米处，我国建立了第一个航天发射场——酒泉卫星发射中心。1992 年，我国载人航天工程立项实施后，经过充分的论证与综合分析，选择酒泉卫星发射中心作为我国的载人航天发射场建设场址，中国人的飞天梦想终于要在这里实现了。

　　载人航天发射场的选址不同于一般火箭发射场，由于"载人"的因素，方方面面都要"以人为本"，确保航天员的安全。要确保发射成功，要求发射场具有良好的自然条件，有利于航天发射、测量控制和航天员应急救生；还要具备完善的设施设备，确保测试发射的高安全性和高可靠性；同时还需要具有先进的组织指挥系统，确保测试、发射工作高效、有序、协调地进行，严格质量控制，降低各种风险。

载人航天发射场需要为航天员配套建设生活、训练和

⬆ 酒泉卫星发射中心即将执行发射任务

保障设施，确保航天员在执行飞天任务之前保持良好的身体与心理状态，并顺利实施各项准备工作。更为重要的是，在出现发射故障时，发射场要能够及时将航天员撤离出危险区，最大限度保障航天员的生命安全。因此，发射场要充分考虑航天员的各项救生措施，在发射区应设立航天员紧急撤离的逃逸滑道、防爆电梯等设施。同时，要建立完善的待发段应急救生指挥控制系统，及时发现各种危险源，正确决策和实施航天员的应急救生。

我国酒泉载人航天发射场地处西北戈壁平原地带，人烟稀少，距离最近的城镇也有近百千米；地势平坦、视野开阔，有利于发射场各项设施的建设；同时也有利于发射过程的跟踪测量，在出现危险情况时，航天员应急救生的环境条件很好。发射场地区四季分明，是典型的内陆气候，冬季寒冷，夏季炎热，春秋季节短促。长年干旱少雨，天高云淡，年均晴朗天气在 260 天左右，能见度极好；雷电发生次数少，各种恶劣天气不集中，容易满足发射条件——这些都为载人航天的发射提供了有利的自然气候条件。

酒泉载人航天发射场基于酒泉卫星发射中心进行建设，可充分利用卫星发射中心的测量、控制、通信、气象、计量、运输、发供电设施和设备，中心的生活设施齐全，具有良好的作为载人航天发射场的基础。发射场周围为戈壁地貌，火箭发射后的飞行路径下方 200 千米以内基本上为无人居住区，600 千米以内没有人口密集的大城市和交通干线，火箭残骸坠落不会造成较大的危害，可以说航区安全是有保障的。另外通

往发射场的公路交通便利，还建成有 200 多千米长的专用铁路线，与国家铁路干线相连，附近还有大型的机场。这些都为航天器、有效载荷、火箭箭体以及航天员、科研技术人员、发射保障人员进出发射场提供了便利的地面与空中交通条件。

🔊 杨利伟乘坐的"神舟"五号飞船就是从酒泉载人航天发射场成功发射的

　　酒泉载人航天发射场于 1994 年开始破土动工，1998 年建成，1999 年成功发射了我国载人航天工程的第一艘无人试验飞船。截止到 2016 年，共计 11 艘"神舟"飞船从这里成功发射，其中包括 5 艘无人试验飞船和 6 艘载人飞船，11 位航天员从这里起飞进入太空，为我国的载人航天事业建立了卓越的功勋。

3.2 "长征"二号F型载人运载火箭

载人航天工程离不开航天运输工具，即运载火箭，它负责将载人飞船、空间站组件，以及货运飞船送入预定轨道。作为载人发射的运载火箭，其设计又有着与其他发射卫星与空间探测器的运载火箭不同的技术要求。载人运载火箭的技术水平与运载能力也是衡量一个国家航天实力的重要标志之一。

苏联的"东方"号运载火箭是世界上第一型用于载人航天发射的运载火箭，由发射第一颗月球探测器的"月球"号火箭改进而来。该火箭采用两级捆绑式构型，使用液氧/煤油推进剂，其整流罩与发射卫星的整流罩基本相同，只是增设了提供宇航员进出的舱口。这型火箭追根溯源，是由液体战略导弹 P-7 改进而来的，因此可以说第一型载人运载火箭来源于战略导弹，在宇航员安全保障方面做得还不够完善，没有专门设计逃逸救生系统。"东方"号运载火箭运载能力也有限，仅能乘坐 1 名宇航员。

⬆ "东方"号运载火箭

随后通过挖掘"东方"号运载火箭一子级的潜力，并在二子级采用推力更大、性能更优的发动机，增加推进剂加注量，改进形成了"上升"号运载火箭，它能够发射载有两名宇航员的"上升"号飞船，并增设了逃逸救生系统。

为进一步提高宇航员的安全性，苏联又对火箭箭体结构进行了必要的加强，关键部件和线路进行了冗余设计或降额设计来提高可靠性，同时进一步完善了逃逸救生系统，全面加强质量管理，这就诞生了"联盟"

"联盟"号运载火箭和发动机

号运
载火箭。
可以说"联盟"
号运载火箭才是真正
意义上的载人运载火箭。
"联盟"号运载火箭持续进
行了改进与完善，运载能力不
断增强，可靠性、安全性不断得
到提升，后续衍生出了"联盟"T、
"联盟"TM、"联盟"U 等运载火箭。
"联盟"号系列运载火箭至今仍在服役，
并保持了较高的发射成功率。

美国在"水星"计划中使用了两个型号的载人运载火箭，即"红石"
和"宇宙神"D，这两种运载火箭也是由液体战略导弹改进而来的。在"双
子星"计划中，美国使用"大力神"2 号运载火箭发射"双子星"号飞船，
该火箭改进于军用型的"大力神"2 号火箭，增强了可靠性和安全性。在
"阿波罗"计划中，美国使用了"土星"1 号、"土星"1B 和"土星"5 号
三个型号的运载火箭，分别进行技术验证飞行和正式的载人航天任务飞
行。特别是用于发射"阿波罗"号登月飞船的"土星"5 号运载火箭，配
置了故障检测系统和
逃逸救生系统。

从载人运载火
箭的发展历程来看，
早期的载人运载火
箭均是在导弹或其
他运载火箭基础上
发展而来的，着重提
高了运载火箭的可

"土星"5 号运载火箭

靠性和安全性，配置了严格的故障检测系统和逃逸救生系统。另外，还充分考虑发射过程中是否能为宇航员提供舒适的乘坐环境，避免过大的发射过载。

我国用于发射载人飞船的运载火箭是"长征-2F"。"长征-2F"火箭继承了"长征"二号E火箭的主要构型，即芯级捆绑4个助推器，但助推器在"长征"二号E的基础上有所加长，并在助推器尾部增加了尾翼。根据载人航天发射的要求，对整流罩按照飞船和逃逸救生的要求进行了全新的设计，在整流罩上面增加了逃逸塔。火箭全长58.3米，起飞总重479.8吨，是目前我国现役最高的运载火箭。"长征-2F"型运载火箭的近地轨道运载能力为8.4吨，可满足我国"神舟"系列载人飞船的发射要求。

⬆ "长征-2F"火箭在发射台上整装待发

"长征-2F"运载火箭是在"长征"二号捆绑运载火箭的基础上，按照发射载人飞船的要求，以提高可靠性、确保安全性为目标研制的运载火箭。

"长征-2F"火箭首次采用垂直总装、垂直测试和垂直运输的"三垂"测试发射模式。

"长征-2F"自1992年开始研制，1999年11月19日首次发射并成功将中国第一艘实验飞船"神舟"一号飞船送入太空。因之后多次成功发射"神舟"系列飞船，已成为中国"长征"系列运载火箭家族中的"明星"火箭。

与普通运载火箭相比，由于增设了逃逸塔，"长征-2F"型运载火箭在发射过程中会经历4次外形状态的改变：首先是从火箭起飞到逃逸塔分离，在马赫数0~4.23时为全箭状态，整个火箭由4个助推火箭，一、二级子级，载人飞船整流罩和逃逸塔组成；接下来在马赫数4.23~5.65范围内，逃逸塔已分离，火箭由4个助推火箭，一、二级子级和载人飞船整流罩组成；在马赫数 5.65~7.90 范围内，4 个火箭助推器已分离，火箭由一、二级子级和载人飞船整流罩组成；随后火箭一子级分离，剩下二子级和载人飞船整流罩，这时马赫数为 7.90~8.97；最后是整流罩分离，此时由于大气稀薄，可忽略气动力，外形的改变已不再产生气动力的变化。

"长征-2F"火箭的研制充分借鉴和继承了已有火箭的技术，使火箭基础可靠性得到了有力的保障。同时广泛采用冗余设计技术、裕度设计技术，采用了钝感火工品，降低了火工品误爆的概率，提高了安全性。

> 国内外非载人的运载火箭可靠性指标通常在 0.91 左右，最高也就 0.93，而"长征-2F"载人运载火箭可靠性指标设计要求为 0.97，安全性指标设计要求为 0.997，这是我国运载火箭研制史上首次对火箭提出安全性指标。

通过一系列创新的设计，确保了"长征-2F"型载人运载火箭的可靠性与安全性。在"长征-2F"火箭的基础上，我国还研制了用于发射"天宫"实验室的"长征-2F"T 型运载火箭。这两型火箭已为我国载人航天工程顺利完成了 13 次发射任务，其中包括 11 次"神舟"飞船的发射和 2 次"天宫"实验室舱段的发射，有力地保障了载人航天工程的顺利开展。

3.3 确保安全的逃逸塔

"长征-2F"型载人运载火箭与其他运载火箭有个显著的区别，就是在整流罩的顶部，有一个像高层建筑的避雷针一样的部分，但显然又比避雷针要粗壮一些，因此航天科技人员就给它起了一个形象的名称——逃逸塔。说它是塔，是因为这"塔"里面结构复杂，内有玄机，而它的作用就是确保火箭在发射过程出现故障时，能够将载人飞船整体从火箭上"拔"出来，以较快的速度与下面的故障火箭分离，然后再通过降落伞安全着陆。

非载人的运载火箭，一旦出现故障，为了避免无方向的飞行可能造成的危害，索性就采用自毁的方式。而载人的运载火箭一旦发生故障，则要把箭上宇航员的安全放在首位，先启动逃逸塔，将飞船和宇航员带到安全地带，再酌情对故障火箭进行处置。

逃逸塔仅仅是载人运载火箭逃逸系统的一部分，整个火箭的逃逸系统主要由逃逸塔、上部整流罩，以及安装于整流罩上的高空逃逸动力系统、上下支撑机构、栅格翼和灭火系统等组成。

逃逸系统的结构是非常复杂的，仅固体火箭发动机就有5种之多，各自发挥不同的作用。这5种发动机分别是逃逸主发动机、逃逸分离发动机、偏航俯仰发动机、高空逃逸发动机和高空分离发动机。

逃逸主发动机的任务是在低空逃逸时，为逃逸飞行器与故障运载火箭分离以及为逃逸飞行器脱离危险区提供动力；逃逸分离发动机的任务是为逃逸塔与运载火箭的分离以及返回舱与其他逃逸部件的分离提供动力；偏航俯仰发动机的任务是使逃逸飞行偏出故障火箭的飞行轨道，或者是当火箭尚未发射时，

"长征-2F"运载火箭加速上升，直达太空（顶部为逃逸塔）

偏出一定的水平距离；高空逃逸发动机的任务是根据高空对逃逸动力需求的变化，为逃逸飞行器提供离开故障火箭的动力；高空分离发动机的任务是在无塔逃逸时，为返回舱与逃逸飞行器的分离提供动力。

在正常飞行情况下，"长征-2F"型载人运载火箭将在起飞后120秒左右抛掉逃逸塔，在200秒左右抛掉整流罩。此时，火箭已飞出大气层外，如果再发生故障，就可以发出指令让船箭分离，启动飞船自身的动力装置，使其逃离危险区。随后，载人飞船各舱段分离，返回舱返回地面。如果飞行高度已经较高，飞船也可以利用自身动力装置进入一条非设计的轨道，择机再返回地面。

逃逸塔犹如汽车的安全气囊，

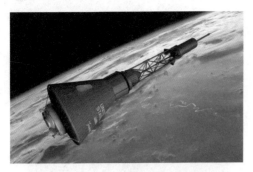

"水星"飞船(黑色)与逃逸塔(红色)

逃逸塔

飞船与整流罩

芯三级

芯二级

芯一级

"联盟"FG 运载火箭的结构图

正常发射过程中它不工作,一旦遇到火箭发生故障,它就会义不容辞地发挥其应有的作用。在人类航天史上,逃逸塔的确在几次航天发射事故中起到了应急救生的作用,使宇航员得以死里逃生。

1961 年 4 月 25 日,美国发射了"水星"3 号飞船,这次飞船里只搭载了一个假人,并没有真的宇航员在里面。火箭起飞 43.3 秒后偏离飞行轨道,火箭故障检测系统检测到故障后,发出了逃逸救生指令和火箭发动机关机指令,飞船座舱安全逃逸并成功回收。当飞船飞离火箭后,发射场的安全指挥官向火箭发出了自毁指令,引爆了火箭。这次事故中逃逸塔救出了试验用的假人,如果这次发射的是一名真正的宇航员,那逃逸塔就更加功不可没了。

1983 年 9 月 27 日,苏联发射"联盟"T10A 飞船时,火箭尚未起飞,就在发射台上爆炸了。而就在爆炸前,火箭故障检测系统检测到了推进剂管路中有一个阀门失灵,导致燃料泄漏,火箭底部起火。在这种情况下,地面指挥人员立即向逃逸救生系统发出了指令,逃逸塔发动机点火,把载人飞船从即将爆炸的火箭上带离并飞到 4 千米外的地方安全降落,飞船上的两名苏联宇航员得以生还。不过,这次零高度高速度的应急逃生,也让两名宇航员经历了持续 5 秒的 14~17 个 g 的大过载,这远远超出了宇航员训练的极限,因此他们也严重受伤。

最近的一次载人运载火箭发射事故发生于 2018 年 10 月 11 日,俄罗斯"联盟"MS-10 号飞船从哈萨克斯坦境内的拜科努尔航天场发射升空,原以为这是一次例行公事的发射,没想到助推器分离后火箭出现故障。发射中心紧急启动应急程序,逃逸塔系统点火工作,飞船与火箭及时分离。飞船经过一段弹道飞行后，安全降落在 20 千米外。当搜救人员抵达着陆现场时，两名宇航员已自行走出飞船，身体状态良好。

仔细观察逃逸塔火箭发动机的外形，会发现与常见的火箭发动机有所不同——它的喷管是弯的，喷管出口向下倒挂着。对于这种异型的火箭发动机结构与喷管形式，我国之前并没有研制过。1993 年，当我们的航天科技人员赴俄罗斯考察时，对方曾开口要价 80 万美元，否则拒绝透露技术细节。这令我们的科技人员大受刺激，决心一定要靠自己的能力把这种不常见的发动机研制出来。

"联盟"MS 号飞船：浑身高科技

功夫不负有心人。我们自己研制的逃逸塔发动机及整个相关逃逸系统，通过地面试验及飞行试验，均验证了其工作的可靠性与有效性。我国 "长征-2F" 型载人运载火箭的逃逸塔在 11 次发射过程中均没有启动工作，当然这也是我们所期望的，不过一旦火箭发生故障，我们也有理由相信，我们自己研制的逃逸塔救生系统一定能发挥其应有的作用。

3.4 出征前的准备

有了载人飞船、运载火箭，以及确保安全的逃逸塔，还并非万事俱备只待发射。在火箭发射之前，还必须按照一系列严格的操作程序，有条不紊地完成各项发射前的准备工作，这也是航天任务执行整个过程中必不可少的一个环节，只有一切都确认无误后才能够最终点火发射。

载人航天发射前的准备工作，就是测试发射流程，即火箭、飞船和航天员等进入发射场后，按照既定程序进行测试、组装、运输、加注和发射的工作流程。它反映的是火箭、飞船和航天员等各系统与发射场设施设备之间的协同工作关系、工作顺序和保障条件。

我国载人航天选择的是先进的"三垂一远"的测试发射模式。所谓"三垂"，是指飞船和火箭垂直总装、垂直测试、垂直运输的模式；所谓"一远"，是指远距离测试发射的控制方式。这样的测试发射模式，既可满足可靠性、安全性的要求，又可满足后续空间实验室、空间救援系统的发射要求。

在我国酒泉载人航天发射场矗立着一座高大的白色建筑，这就是火箭与飞船的垂直总装测试厂房，高约 100 米，相当于 38 层楼高。它空间高大、空旷，用于火箭箭体以及与飞船的组装，从地面到楼顶其内部是中空的，因此可以说这是一个单层的建筑，而且是亚洲最高的单层建筑，也是酒泉载人航天发射场的标志性建筑之一。

采用"三垂"模式主要的优点是技术测试区与发射区箭上部件处于相同的状态，而且火箭的占位时间短。如果水平总装测试，发射时再起竖，箭上部件也要经历从水平到垂直状态的转变，有可能会产生一些测试时未曾发现的问题。所以"三垂"模式目前是世界上主流运载火箭发射前所采用的方式，通常应用于大型运载火箭、载人航天发射，以及发射次数较多的航天发射场。

我国酒泉发射场的垂直总装测试厂房就是"长征-2F"运载火箭发射前的工作场所。火箭箭体分级水平运送到这里，在临发射前的近两个月时间里，各级火箭及助推器要在这里起竖、对接、组装，在垂直状态下完成各种测试。测试完毕后的飞船也要运送到这里与火箭进行垂直总装。最后，火箭与飞船的组合体以垂直的方式运往发射区，进行推进剂加注并择机发射。

我国酒泉发射场的发射区距离垂直总装厂房 1 500 米，通过两条铁轨联结。发射区内的核心建筑是载人航天发射塔，这是一个矗立在西北

戈壁滩上的"钢铁巨人"，高100多米，重约2500吨，最大悬臂长24米。

我国"长征-2F"运载火箭起飞总重将近500吨，需8台火箭发动机同时工作才能将这个庞然大物托举起来。点火后火焰同时从8个发动机的喷管中喷出，喷管出口的燃气速度约为2800米/秒，温度高达1300℃。如此猛烈的高温燃气足以将发射塔底部的钢铁结构熔化，同时高温高速的燃气还会产生强大的冲击波和反射波，如果不能将其顺畅地排出去，就会产生极大的破坏力，既会烧坏发射塔架也会损伤火箭尾部，导致发射的失败。因此，在发射塔架的底部设计有导流槽，它的作用就是引导并排出火箭点火时产生的巨大燃气流，防止燃气回火或冲向地面设施。

导流槽还安装有喷水装置，在火箭点火前几秒钟喷水，一方面减少燃气流对导流面的冲刷，另一方面水的汽化可吸收部分声能，降低燃气流的冲击噪声，这也是对航天员健康的一种保护措施。

从航天员进入飞船到火箭起飞这个时段称为待发段，与火箭发射的上升段被认为是发生危及航天员生命安全事故概率最大的两个阶段。在待发段，航天员所乘坐的飞船下面是装载着数百吨易燃易爆推进剂的运载火箭，还有大量的火工品、固体火箭发动机、压力容器、安全控制爆炸装置等，都是潜在的危险源。任何不当的操作以及静电、漏电，甚至电磁干扰等因素，都有可能诱发险情。

在发射前如果出现危险情况，在不必启动逃逸塔或难以启动逃逸塔的情况下，航天员可以紧急从飞船座舱撤离到地下安全掩蔽室。航天员可选择的逃生途径有两个，一是利用防爆电梯实施撤离，二是利用紧急撤离滑道实施紧急撤离。其中后者的撤离速度最快，用于出现极其紧急的情况时使用，通常30秒左右，就可以到达地下安全掩蔽室。

安全掩蔽室是地下建筑物，距离地面4.8米，它设置有两道防护门：一道是防爆门，可以防止火箭箭体在地面爆炸后产生的冲击波危及航天员的安全；另一道是密封门，可以防止有毒有害气体进入掩蔽室，室内氧气储存充足，可供30人使用4个小时。

从发射前针对火箭与飞船的细致测试，排除一切可能的技术问题，到发射塔架所设置的多重保护措施与应急撤离装置，都是为了保障载人航天发射的成功，以及航天员的生命安全。

1964 年 4 月，在我国第一颗原子弹研制的最后阶段，周恩来总理提出了"严肃认真、周到细致、稳妥可靠、万无一失"的 16 字方针，我国航天人也一直用这个标准要求自己。正是因为有了"严肃认真、周到细致"的工作作风，"稳妥可靠、万无一失"的安全保障措施，我们的航天员才能够勇往直前地飞赴浩瀚的太空，去探索未知的世界。

3.5 我国载人航天测控体系

从酒泉发射场利用运载火箭发射载人飞船一般要经历如下几个阶段：点火起飞、逃逸塔分离、助推器分离、一级火箭分离、整流罩分离、二级火箭与飞船分离。整个过程火箭飞行时间约为 584 秒，箭下点航迹达 2 100 千米，依次穿越甘肃、内蒙古、陕西、山西、河北、山东六省，最终将载人飞船送入预定轨道。

火箭的发射过程是整个载人航天任务中危险性较高的阶段，因此需要采用多种手段和多种设备对火箭的发射过程进行全程测量和监视，全面监视火箭和飞船的工作状态，一旦出现危及航天员生命安全的故障，要立即采用逃逸措施，以确保航天员的生命安全。

我国已为载人航天飞行任务建立起了完备的航天测控体系，沿火箭途经的航迹附近设立有多个测控站，通过连续波和单脉冲体制测量雷达、实况电视系统、遥测接收设

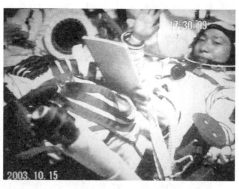

2003 年 10 月 15 日 17 时 30 分，杨利伟在太空与地面进行天地通话

备、遥控设备和光学望远镜等，与火箭上安装的测控合作目标配合，完成对火箭的不间断测控，把握火箭的飞行状态。在飞船舱内还专门配备了可通过视频观察航天员状态，又可与航天员进行通话的天地通信系统。

根据火箭与卫星的飞行轨迹，我国在陆上建立了 5 个航天测控站，即东风站、渭南站、青岛站、厦门站、喀什站，还有两个机动的陆上测控站——和田站和主场站。除此之外，我国还在海外建立了 5 个陆上测控站，包括位于亚洲的卡拉奇站、位于非洲的纳米比亚站和马林迪站，位于澳洲的当加拉站，以及位于南美洲的圣地亚哥站。随着与"一带一路"沿线国家友好关系的不断建立与巩固，我国在海外建立陆上测控站的可能性会越来越大，将会给航天测控带来更多的便利。

在地球上，海洋的面积比陆地更加广阔，当火箭在大洋上空飞行时，则需要海上移动的测控站，即航天远洋测量船。我国的航天远洋测量船的总称为"远望"号测量船，迄今已经建造了七艘。"远望"一号和"远望"二号是我国的第一代综合性航天远洋测量船，于 20 世纪 70 年代末建造并投入使用，"远望"三号和"远望"四号于 20 世纪 90 年代服役。在"神舟"六号载人飞船试验中，"远望"一号和"远望"二号位于太平洋，"远望"三号位于大西洋，"远望"四号位于印度洋，四艘"远望"号测量船排兵布阵于三大洋，配合国内和海外的多个陆上测控站，共同出色圆满地完成了载人航天的测控任务。

↑ "远望"三号测量船在指定海域执行任务

我国的第二代航天远洋测量船是"远望"五号和"远望"六号，建造于 21 世纪初，这两艘测量船采用了新技术、新材料、新工艺，功能有了进一步的扩展，整体性能得到了进一步的提高。2016 年 7 月，"远望"七号作为我国新一代的航天远洋测量船，也正式加入了我国海上测控船队，成为担负我国航天远

↑ "远望"七号测量船

洋测控任务的重要力量。

由于电波直线传播特性和地球曲率的限制，地面站无论是陆基的还是海上移动的，对近地航天器的覆盖范围都是有限的，难以做到百分之百的无缝覆盖与不间断的通信。载人航天任务对测控覆盖率要求很高，要增大测控站的观测范围，一个简单的办法就是"登高望远"。如果把测控站搬到地球同步静止轨道上，一个站（天基测控站）就可以看到半圈以上的近地航天器，如果在地球静止轨道上布设两个，当然最好是三个天基测控站，就能保证测控通信不间断，再与地面的测控站相互配合，就可以长时间与飞船上的宇航员保持通信，不间断地检测飞船的运行状态。这样的天基测控站就叫作中继卫星。

北斗卫星

另外，除了在地球同步静止轨道上布设中继卫星，还可以利用全球卫星定位导航系统，如美国GPS、俄罗斯的格洛纳斯、欧洲的伽利略，以及我国的北斗。利用卫星定位导航系统，可以全天候高精度定位、测速，就可以不再单纯依赖传统的测控网（由多个测控站、测控中心和通信系统组成）来对载人飞船的轨道进行测定，地面测控站的任务负荷也将大幅度减轻，整个测控体系就可以支持更多的在轨航天器。

天基测控网是本世纪以来航天测控领域最突出的技术成就之一，它将对航天测控通信技术带来革命性的变化，目前还在继续发展、不断拓宽其应用领域。2008年和2011年，"天链"一号01星、02星相继顺利升空，这两颗中继卫星在"天宫"一号与"神舟"八号的对接任务中提供了天基测控和数据中继传输支持。2018年为在月球背面实现着陆与探测任务，我国还发射了一颗月球数据中继卫星"鹊桥"，搭建起了地球与月球背面之间数据传输的桥梁。值得骄傲的是，我国已建立了世界上第二个可对中、低轨航天器全球100%覆盖的数据中继卫星体系。

我国自行设计、研制和建设的陆基、海基、天基三位一体的载人航天测控体系，已经多次圆满地完成了载人航天飞行测控任务。而这个庞大的航天测控体系，有一个"大脑"，所有的信息都汇集在这里，对载人飞船的在轨飞行情况进行分析、判断以及决策，这就是航天飞行控制中心。

航天飞行控制中心的具体职能包括以下几个方面：对载人航天任务涉及的上百个技术单位进行统筹协调、指挥调度，下达指挥命令、布置任务实施计划；对飞船进行飞行控制，即生成改变飞行程序或工作状态的控制命令，产生相应的遥控指令，通过遥控系统发往飞船，对飞船实施快速、有效的控制；在出现故障的情况下，能及时、准确地做出反应。

我国载人航天飞行任务的飞行控制中心位于北京，称为北京航天飞行控制中心，简称"北京飞控中心"。这里比肩美国休斯敦航天飞行控制中心，具有可视化的测控支持能力、高精度实时定轨能力、高速数据处理能力、自动化的计划生成能力和清晰的图像传输能力，是一座名副其实的"航天城"。

从火箭托举"神舟"飞船升空，到航天员安全返回地面的整个过程，地面向飞船发送的每一条指令，注入的每一组数据，关键时刻的每一项操作，都是由北京航天飞行控制中心全程指挥、精确控制的。遍布国内外的多个地面测控站，分布于全球各大洋的"远望"号测量船队，以及在太空值守的多颗"天链"一号中继卫星，相互协同工作，将所有的数据，都汇集到北京航天飞行控制中心，所有的指令也从这里发出。

在北京航天飞行控制中心的大楼内，随处可见"严而更严、慎而更慎、细而更细、实而更实"的标语，这是飞控中心的工作人员在日常工作中严格的自我要求，正是有这样严谨踏实的工作作风，我们的航天人才会骄傲地喊出这样的口号——"做追梦太空、制胜未来的新一代航天人"。

第**4**章
百炼成钢——航天员的选拔与训练

>>>

4.1 飞天，他们都经历了什么

太空是一个高真空、超低温、强辐射的环境，这种环境中如果没有载人航天器壳体或航天服的保护，人一旦暴露在其中，将面临失压、缺氧、低温和辐射损伤等多种危险，对人来说是致命的。由于太空中没有氧气，如果人直接暴露于太空中，将会很快窒息死亡。同样，由于没有外部大气，人体内的气体会导致内脏和各器官瞬间胀裂而立刻丧命。

在近地空间，环境温度一般在−100℃以下，深空环境温度则在−270℃以下。太空又是一个高真空的环境，没有热量的传导和对流，在太空中

银河宇宙线

地球电离层

飞行的载人航天器直接受到太阳辐射。虽然航天器本身存在热量传导和对流，但其向阳面和背阴面的外表面温度交替变化仍然是十分剧烈的，向阳时表面温度可高达 100℃以上，而背阴时或在阳光照射不到的阴影中，表面温度则降低到−100℃以下。当载人航天器重返大气层，高速飞行的航天器与大气剧烈摩擦，外表面会产生几千摄氏度的高温，这样的高温对航天员来说是致命的，载人航天器必须有良好的隔热设计和舱内温度控制系统，才能让航天员生活在一个温度相对适中的环境中。

太空中不仅有宇宙大爆炸时留下的辐射，各种天体也向外辐射电磁波。许多天体还向外辐射高能粒子，形成宇宙射线，例如太阳有太阳电磁辐射、高能粒子和太阳风，银河系有银河系辐射，等等，因此太空是一个强辐射的环境。在地球上，由于有地磁和大气层的屏蔽效应，宇宙空间的辐射到达地面的剂量很小，对生活在地球上的人类基本没有危

🔺 高层大气粒子

害。而在宇宙空间中，进行航天飞行的航天员如果没有有效的辐射防护，可能会受到宇宙辐射的致命伤害。特别是在未来长时间的星际航行中，宇宙辐射对航天员的危害到底有多大，还有待进一步研究。

失重是航天飞行中的一种特殊物理现象，进入太空后，人体处于一种失重状态。在我们普通人看来，能够自由地在空中飞行、飘浮，随意地翻跟头，这似乎是非常惬意的事情。但人类在长期的进化过程中，形成了与地球重力环境相适应的生理结构与功能特征，失重环境则会对航天员的身体健康和工作能力产生严重的影响。中长期航天飞行会导致航天员出现多种生理、病理现象，主要表现为心血管功能障碍、骨质丢失、肌肉萎缩、免疫功能下降、内分泌机能紊乱、工作能力下降等。人类半

个多世纪以来的载人航天实践表明，失重对人体的生理功能有很大的影响。

在往返太空的征途中，航天员的体验也不是很舒适的。当载人飞船在火箭的推动下加速上升时，航天员要经受数倍于地球引力的超重过载；当航天员返回地面的过程中，载人飞船进入大气层后进行气动减速，也会造成超重过载。

失重的水球，比起在地球上圆了很多

加速度作用于人体的方向由头至盆骨的过载称为正向过载，由盆骨至头的过载称为负向过载。正负向过载对人体的影响又有所不同，正向过载时，人体血液受惯性力的作用，会由上身转移到下身，引起头部、上身缺血和视力障碍，严重时还可能发生晕厥。在载人飞船的返回舱着陆的瞬间，如果缓冲火箭工作不及时，返回舱会重重地摔在地面上，舱内的航天员会受到非常巨大的冲击，身体内部会受到严重的冲击损伤。

火箭在上升过程中，发动机会产生高强度的噪声。载人飞船返回地面的过程中，高速穿过大气层，也会产生巨大的气动噪声。载人航天器在轨道上运行时，即便噪声比上升段和返回再入段小得多，也相当于繁忙交通路口的噪声强度，而且这种噪声在飞行过程中会持续不断。噪声强度过大，会影响航天员的心率、血压和耗氧

所谓超重过载，就是航天员的身体要承受数倍于自身的重量。当我们乘坐过山车时，最多可产生 2 倍自身重量的过载，即 $2g$，对于普通人来说如果达到 $3g$ 的过载，就相当难受了，而航天员的日常训练则需要达到 8~9g，在实际飞行中，瞬时甚至会产生高达十几个 g 的超重过载。

🎧 刘洋因为失重飞了起来,并且脸部有些浮肿

量,可能诱发心血管功能紊乱并降低工作效率。

日出而作、日落而息,这是人类数百万年进化的结果。载人航天器在近地轨道飞行一圈大约需要 90 分钟,这就会在 24 小时内产生 16 个昼夜交替。长期生活在地球表面的人类已经在心理、生理功能上形成了与日出日落相适应的人体内环境平衡,而当外界环境昼夜周期发生变化后,人在短期内不能适应,会出现一些生理功能紊乱现象,如睡眠障碍、容易疲劳等,同时工作效率会降低。

由此可见,太空飞行并非如诗一样的惬意与舒适,航天员不仅要面对缺氧、失压、低温、辐射等种种宇宙空间中存在的危险,还要承受太空失重环境与变化了的昼夜交替对生理与心理的影响。

另外,飞天往返路上的超重、噪声,以及着陆冲击的种种不适,也影响着航天员的健康。所以,航天员需要从身体、心理素质出众的人群中选拔,同时,还要通过科学的训练,才能够进入太空开展空间科学研究与空间探索活动。

4.2 我国航天员的选拔

　　我国首批航天员的选拔可追溯到 20 世纪 70 年代初，当时我国已有意开展载人航天飞行，1970 年 7 月 14 日，毛泽东主席批示："即着手载人飞船的研制工作，并开始选拔、训练航天员。"这就是我国载人航天的"前传"——"714 工程"。同年 10 月，由空军及相关单位组成的航天员选拔队伍组建，要从空军歼击机飞行员里选拔航天员。

　　"714 工程"中航天员的选拔工作是秘密进行的，接受选拔的飞行员当时也不知道是要被选作航天员，只当是一次例行的体检。当时选拔的基本要求是飞行时间 500 小时以上，年龄 30 岁以下，身高在 1.80 米以下，体重不超过 80 千克，以及其他一系列的身体与心理素质方面的条件。通过政治、飞行技术审查和严格的体检，在大约 1840 多名飞行员中，摸底后有 215 名符合条件。在此基础上，又进一步进行了筛选，初选出合格者共 88 名。

这项工作直到 21 世纪初才解密，我们才有机会了解我国载人航天在将近半个世纪以前所做过的努力，和那一代航天人为飞天所做出的贡献与牺牲。

　　随后对初选合格的飞行员开展了复选，其中一项测试是搭乘"安-2"飞机进行前庭功能的晕机检测，还让他们坐上改装的失重飞机模拟太空飞行中的失重体验。忽上忽下的抛物线飞行，一会儿盘旋、一会儿又是滚转，参加复选的人员不仅要体验失重，还要经受起飞爬升时的超重。虽然这些候选航天员已经是相当出色的歼击机飞行员，但在如此频繁、如此高强度的测试飞行情况下，有人还是遭到了淘汰。

　　从 1971 年 1 月到 5 月，选拔评审组最终选定 20 名航天员预备人选，其中有几位是曾经打下过敌机的空军作战英雄，如曾任空军十八师 54 大队 1 中队队长的董小海。1965 年 4 月 3 日，他驾驶"歼六"飞机成功击落一架无人驾驶侦察机，打掉敌机时的飞行高度为 1.81 万米，这已超出了"歼六"飞机的极限高度，他因此获得了"战斗英雄"的称号，他所在的 1 中队被国防部授予"航空兵英雄中队"的荣誉称号。

20 世纪 70 年代选拔的这支预备航天员队伍，终因"714 工程"的下马而宣告解散。他们为我国早期的载人航天事业作出了不可磨灭的贡献。

到了 90 年代，我国正式开始"921 载人航天工程"，航天员的选拔工作被重新提到议事日程上来。截至目前，我国已完成了 21 名优秀航天员的选拔与培养，其中 11 人出色地完成了我国六次载人航天飞行任务。

这次选拔的首批航天员是准备作为之后航天员教练员的。航天员科研训练中心负责具体选拔工作，从空军双学士学位飞行员中选出了两名飞行员：吴杰和李庆龙，作为指令长教员和随船工程师教员候选人。他们于 1996 年 12 月—1997 年 12 月赴俄罗斯加加林航天员训练中心接受训练，回国后进入了预备航天员教练队伍。

完成航天员教练员选拔之后，紧接着开始首批预备航天员的选拔。1995 年 12 月—1997 年 6 月，从空军歼击机和强击机飞行员中分档案审查、疗养院初选、住院检查和评定录取四个阶段选拔出了 12 名预备航天员。1998 年 3 月—2003 年 5 月，依据航天员训练大纲，从思想、身体、心理、知识储备和操作技能等方面对预备航天员实施了八大类、近百项、人均多达 5 000 多学时的全面系统、科学严格的训练。

🔊我国首位航天员杨利伟出发

2003 年 6 月，全体受训航天员以优良成绩通过了结业考核，达到了合格标准，取得了航天员资格。在结业考评的基础上，又精挑细选出 5 人参加强化训练，之后又从他们中选出了 3 名组成了我国首次载人飞行的航天员梯队。最后，在"神舟"五号发射前两天最终确定杨利伟作为首飞航天员，执行我国首次载人航天飞行任务。

女航天员在人类的太空探索中也曾发挥过重要的作用，我国也在第二批航天员的选拔中增设了针对女航天员的选拔。最终选定的 7 名航天员中，有两名女航天员，她们就是被称为"神女"的刘洋与王亚平。针对女航天员的选拔也是极其严格的，我国航天员选拔专家还针对男性与女性的生理、心理上的差别，制定了不同的标准，仅身体生理、心理素质和基础条件方面的检查就有100多项。首批候选的女航天员均为空军现役运输机飞行员，多次执行过汶川大地震抗震救灾、军事演习等重大飞行任务，飞行技术过硬，心理素质优异。太空环境是艰苦的，航天飞行任务又是非常繁杂的，但女性的忍耐力和观察力普遍比男性强一些，女性从事航天飞行有其独特优势，这使得她们能够在太空中表现得更优秀。刘洋和王亚平两位女航天员在"天宫"实验室中表现出色，圆满完成了在轨飞行任务，她们不愧为"神女"，也是我们心中的"女神"。

景海鹏（中）、刘旺（右）、刘洋（左）准备出发（其中刘洋是我国第一位女航天员）

　　未来要在空间站开展科学实验研究，仅靠从空军飞行员中选拔航天员已经不能满足在轨任务的需要，参照国外航天员选拔发展的经验，我国已开展了航天飞行工程师和载荷专家选拔方法与标准的研究工作。自2018年以来，我国已经着手在航天科研院所的科研技术人员、北京航空航天大学、哈尔滨工业大学以及国防科学技术大学等航天相关专业的青年教师中选拔航天员，他们会在不久的将来成为我国首批进入太空开展科学研究的航天飞行工程师和载荷专家。

　　航天员的选拔，为我国载人航天工程取得历史性突破与跨越式发展，发挥了必不可少的作用。预备航天员通过训练，有的有幸进入了太空执行载人航天飞行任务，而有的则付出了十几年的艰苦训练与漫长的等待之后也未能如愿以偿，但他们也为我国载人航天工程做出了巨大的贡献，祖国和人民不会忘记那些忠诚于祖国、奉献于祖国的人。

4.3 航天飞行环境的适应性训练

在载人航天飞行过程中，航天员要经受超重、失重和方向感混乱等多重的考验。没有充分的训练，即使曾是身体素质过硬的飞行员，也会在这些人体所处的非正常环境中出现难以适应的问题。因此，航天员日常训练很重要的一个方面就是开展航天飞行环境的适应性训练，这种训练的目的在于提高航天员对航天飞行环境的耐力和适应能力，以及返回地面后的再适应能力。目前，航天飞行环境适应性训练项目主要有超重耐力适应性训练、失重适应性训练、前庭耐力训练等。这些训练的安排要根据每个航天员的具体情况因人而异，根据实际训练效果，逐次逐量地安排训练次数和训练强度。同时，航天员的航天飞行环境适应性训练还与体质训练有机结合，共同发挥作用。

超重过载是数倍于自己身体的重量压在航天员的身上，在这种情况下，航天员甚至难以有力量进行呼吸。通过超重耐力适应性训练，可以使航天员掌握正确的呼吸对抗动作，增强和维持航天员抗超重的能力和稳定性。超重耐力适应性训练主要是进行胸背向耐力维持训练和抗胸背向过载呼吸动作训练，一般每年要进行两次左右，并贯穿于航天员训练的全过程。在飞行前半年时间内，还要按真实的载人飞船正常上升和返回的超重曲线进行训练，使航天员实际体验载人飞船上升和返回过程中超重作用的过程、特点和反应。

超重训练的主要设备是载人离心机。航天员训练时，训练教员在控制室内观察和记录航天员的表情、通话、各种生理指标和反应动作情况，当出现问题时，可以及时中止训练。训练结束后，教员将根据受训航天员的主客观反应，对其超重耐力和反应特征做出科学的评价。

失重环境是航天员进入太空后持续处于的状态，失重除了会使人产生不适反应外，还会给人的操作带来意想不到的困难。人在失重状态下的运动和操作，与在地面时的有很大差异。因此需要在地面上想方设法创造失重环境，或模拟失重环境，以及模拟失重环境下人的某

苏联时期训练航天员的离心机

些生理反应，使航天员了解和熟悉失重环境，体验失重飘浮感和人体的某些生理反应。熟悉和掌握失重环境下的运动和各种操作技巧，对顺利完成航天飞行任务是十分必要的，也是进行失重适应性训练的主要目的。

用高性能失重飞机做连续的抛物线飞行，可以反复产生失重环境，这是用于航天员失重体验的最常用的一个途径。如俄罗斯的"伊尔-76"失重飞机，1个起落可飞 15~20 个抛物线，每个抛物线飞行段内可产生约 30 秒的失重时间；美国的 KC-135 失重飞机，1个起落可飞 20~30 个抛物线，每个抛物线飞行段内可产生 25 秒左右的失重时间。

失重飞机是由高性能的喷气式运输机改装而成的，机舱内去除了多余的设施，因此较为宽敞，舱内两边装有扶杆，舱壁铺设有厚厚的软垫，并备有降落伞以防万一。航天员在失重飞机舱内体验失重条件下的一般感受和反应，训练飘浮及定向的能力，以提高航天员对失重应激的生理、心理稳定性，并学会在失重条件下保持姿态平衡和运动的方法，从生理、心理和身体运动方面适应失重环境。

同时，还要开展一些操作技能训练，包括穿脱航天服、进食和饮水、阅读书

水力实验室：用于太空行走和失重训练

苏联第一位女航天员捷列什科娃学习摄影

苏联第一位航天员加加林训练双杠

写、摄影、录像以及操作仪器设备和使用工具等，目的是提高航天员在失重条件下生活和工作的技能。

中性浮力水槽是航天员用于舱外活动训练的设备，通过水的浮力和恰当的航天服配重，使得浮力与航天员的重力相抵消，这样就可以模拟在失重环境下的出舱、进舱，以及在舱外的太空行走等航天飞行活动。另外，长时间在失重环境下，人体的血液会重新进行分布，为了模拟这一生理现象，航天员还常采用睡斜床的方式，抬高腿脚的高度，以模拟失重时血液往头部转移以及引起的生理反应。

航天员进入太空后，由于没有了天地的概念，会使航天员产生严重的方向感的缺失和强烈的不适应感，影响其身体健康和工作效率，这就是航天员常见的航天运动病。航天运动病与人体的前庭系统有关系，通过前庭功能训练可以增强航天员前庭功能的稳定性，提高前庭器官对运动刺激的耐受能力，避免或减少航天运动病的发生，或减轻航天运动病的症状。前庭功能训练主要是进行一些多方向自体旋转的运动，如弹跳网、转椅、滚轮、旋梯、秋千等，这些项目可以锻炼航天员的前庭器官感受器和运动系统的功能。

除了航天飞行环境适应性训练之外，航天员每周还要进行多次体质训练。航天飞行对人的身体素质要求很高，体质训练是提高航天员身体素质并使其胜任飞行的一种重要的、有效的、基础性的训练手段。体质训练的项目很多，如田径、游泳、爬山、体操、各种球类运动等。体质训练不仅能提高和巩固航天员的身体素质，增强机体的抗病能力，而且有助于增强航天员对航天环境的耐受能力和适应性，使航天员在漫长的训练期内能够保持良好的体能和旺盛的精力，较好地完成各项训练科目。

4.4 航天员的心理训练

2008 年 9 月 27 日下午，正在执行"神舟"七号出舱任务的航天员翟志刚，忽然听到同伴传来轨道舱着火的提示。与此同时，正在收看我国首次航天员出舱活动直播的全国亿万观众也屏息凝神，不知道这个火警意味着什么。但翟志刚却一点儿都没有慌乱，依旧气定神闲。很快经地面飞控中心和留守在轨道舱内的航天员再次确认，这只是一场虚惊，"神舟"飞船工作一切正常。其实，不仅"神舟"七号的三位航天员能够做到处变不惊，每一位航天员大队的成员，无论是已经飞上过太空的，还是仍在等待机会的，都有着非常良好的心理素质。这种素质既是航天员自身的特质，也得益于航天员日常的心理训练。

🎧 "神舟"七号飞船指令长翟志刚

航天员心理素质方面的训练，需要各种全面系统的训练来协同完成。在科学严格的航天员选拔的基础上，体质训练和航天飞行

🎧 翟志刚进行太空行走，挥舞国旗

环境适应性训练可以使航天员具有健康的身体和良好的身体素质，这就为良好的心理素质奠定了坚实的生理基础。

宇航员的身体素质无与伦比，他们的心理素质同样出类拔萃。1961年4月12日10时55分，苏联宇航员加加林返回地球后，一架直升机将加加林送往恩格斯市。

医生检查了加加林的身体，惊异地发现：脉搏、血压和体温都很正常。他根本不像刚以每小时28 260千米的速度，飞行了40 868.6千米的人。

医生说："您的脉搏和血压很正常，好像根本没去过太空。"

加加林幽默地回答："我大概真的哪儿都没去过。"

航天员还要掌握必要的专业知识和操作技能，熟知和熟练掌握飞行计划、飞行程序、飞行任务，对飞行过程、飞行事件及其身体感受有充分的了解和体验，做到心中有数、胸有成竹。通过航空飞行训练、跳伞训练、救生与生存训练，培养航天员的勇敢、无畏、沉着、冷静、坚强、果断等优良心理品质，这对提高航天员分析、判断、决策反应能力和心理稳定性是非常有效的。所有这些训练都能帮助航天员建立自信和完成飞行任务的信心。

此外，航天员通过学习专门的心理学训练课程，掌握必要的心理学知识、科学的心理自我调控方法和科学的记忆方法，这对巩固和提高专业技术等训练效果是非常有益的。通过航天心理学基础和心理健康教育，使得航天员了解航天活动对人的影响和对人心理品质的要求，了解自我努力的方向，掌握维护心理健康和心理调节的方法，学会自我管理情绪。

目前的载人飞船和空间站，空间比较狭小。人对封闭的环境天生会有一种恐惧的心态，只是有的人强烈一些，有的则不是特别显著。航天员要在一个封闭且隔绝的环境中生活工作数天、数月，乃至一两年的时间，这无疑是对人心理耐受力极大的考验。

航天员心理训练中最重要和最具特色的一个方面就是开展隔绝训练，目的是了解航天员的个体心理特点和行为方式，培养航天员在狭小环境中的工作能力、耐受力和适应能力，发现潜在的问题，挖掘受训者的潜能。隔绝训练通常是受训者单人住在一间狭小的隔离室里，按事先设计好的作息时间表进行心理、生理测试。受训者在隔绝期间不仅要进行仪器操作，还要进行写作和体育锻炼，饮食则通过隔离室的传递窗口按时供应，这个环节也不与外人接触。这种训练通常采用连续 3~7 天不间断的训练方式进行。

　　航天员心理训练也并非都是紧张严肃的，航天员也要通过放松训练来掌握各种放松方法和情绪自我调节方法，帮助航天员缓解紧张情绪。常用的方法有瑜伽放松法、松弛反应法、渐进性肌肉放松、自生性训练、自我催眠和自我暗示、他人催眠和生物反馈训练等。

　　另外，还有一种表象训练，就是航天员在放松的状态下，想象某些操作的方法、程序和动作要领，想象应急情况出现时要采用的措施，想象航天器内部的布局等，航天员在自己的头脑中建立清晰正确的表象，以帮助提高训练效果和处变不惊的能力。

　　载人航天通常以 2~3 人组成一个小组共同执行飞行任务，这就需要成员之间分工明确，同时又能默契地相互合作。心理相容性训练主要是针对成员之间的心理相容性和协作能力进行的。通过训练，可以使航天员掌握正确的人际交往技能，学会与他人沟通的方法和技巧，学会如何解决组内的矛盾、冲突，缓和人际关系，掌握给他人提供心理支持的方法和技巧，养成成员之间相互协作的习惯，了解个人言行对小组工作效率的影响，以提高协作效率，提高飞行小组的整体效能。

　　航天员的心理训练对我们普通人来说也有很多可借鉴的方面。在日常生活工作中，我们要以一种积极的心态去面对任何事情，积极寻找解决问题的方法与途径。同时，要做到劳逸结合，学会放松，学会自身心理的调节。另外，在家庭生活与团队工作中还要学会与人沟通，妥善解决矛盾与冲突，缓和人际关系，这对自己和他人都是非常有意义的。

4.5 飞天护甲——我国航天员的航天服

具有过硬的身体条件和良好的心理素质,是成为航天员的必备条件。但航天员毕竟是血肉之躯,完全暴露在高真空、超低温、强辐射的环境下,必定是无法生存的。因此,航天员在轨执行航天飞行任务时,还离不开重要的"护甲"——航天服,这个装备可为航天员提供必要的生命保障。

法国科幻作家儒勒·凡尔纳在他的科幻小说《从地球到月球》一书中就曾经提到,太空旅行者需要压力服作为保护。正如他的这部小说中其他的预言一样,他的这一猜想终于在 20 世纪 60 年代人类载人航天开始之际,得到了验证。

目前的航天服分为舱内航天服和舱外航天服两大类。

🎧 中国航天员刘洋穿着舱内航天服准备出征

舱内航天服是航天员在载人航天器舱内穿着的,这种航天服相对来说较为简单,是在航空的高空飞行密闭服(又称压力服)基础上发展起来的。压力服具有一定的抗超重过载的作用,人穿着它,全身可以处于同一均匀的大气压力环境中,避免人体的血液向一个方向聚集。

舱内航天服可以说是航天员在载人航天器中又一道安全保护屏障。1971 年 6 月 30 日,苏联的"联盟"11 号飞船在返回地球再入大气层前,返回舱与轨道舱分离时,飞船返回舱的压力阀被震开,导致舱内压力迅速下降,三位航天员因未穿航天服而全部遇难。这一惨痛的事故使人们认识到,在航天飞行的特殊阶段,如发射、再入返回和轨道飞行段发生紧急情况时，航天服对保护舱内航天员的生命是多么重要。此后，人类的航天发射与再入返回段，航天员都要穿着舱内航天服。

舱内航天服在正常工作时与舱内通风供氧装置连接，其主要作用是为人体增压、供氧、通风、散热，带走二氧化碳和水汽等，在人体周围创造一个适宜人生存和工作的微小气候环境，特别是在出现低压和缺氧的情况以及发生有害气体溢出时，对航天员起到保护作用。当座舱出现压力紧急情况时，航天服与座舱连接的风机会自动关闭，使航天服处于密封供氧状态，应急供氧装置通过供氧软管将氧气送入航天服内，一部分氧气进入头盔内供航天员呼吸及头部散热，然后由压力调节器排出。舱内航天服质地较轻较软，穿脱相对来说并不复杂，在轨道飞行时，如果出现紧急情况，航天员能在几分钟之内迅速穿好航天服。

舱外航天服相对舱内航天服要复杂得多。航天员要穿着舱外航天服走出载人航天器，开展太空行走或科学实验及舱外维修等活动，此时与载人航天器相连的仅仅是一根防止航天员飘走的绳索。因此，舱外航天服要能够对航天员提供独立的生命保障，保护航天员免遭宇宙

美国航天员怀特身着舱外航天服在舱外作业

苏联宇航员列昂诺夫穿过的舱外航天服(左)和舱内航天服(右)

空间中的超真空、超低温、太阳辐射和微流星的伤害。

研制舱外航天服的难度要比舱内航天服大得多。舱外航天服通常采用半硬式结构，上躯干为硬质，裤腿和袖子为软质。早期的舱外航天服通过长 8~18 米的脐带向航天服供氧和控制各种环境参数，目前则大多采用便携背包式的生保系统，航天员出舱活动具有更大的灵活性。

尽管舱外航天服的研制难度较大，但我国在舱外航天服的研制上走的是引进技术与独立开发相结合的道路，少走了不少弯路。2004 年 4 月，我国与俄罗斯签署了从俄罗斯某公司引进"海鹰"舱外航天服的合作合同。俄方为中方提供飞行用的"海鹰"舱外航天服三套，供低压训练用的舱外航天服两套，供水槽训练用的舱外航天服四套，而这些航天服所需的供电和通信等设备则由我方自行研制开发。

在"海鹰"舱外航天服的基础上，我国研制开发了"飞天"舱外航天服。"飞天"舱外航天服重 120 千克，通体为白色，左臂上绣着鲜艳的五星红旗，右臂上绣着"飞天"二字。

航天服从上到下依次是头盔、上肢、躯干、下肢、压力手套和靴子。四肢装有调节带，通过调节上臂、小臂和下肢的长度，可供身高 1.60~1.80 米的航天员穿着。上肢关节处巧妙地利用仿生结构，使关节活动更加自如。"飞天"舱外航天服的背部是生保设备，也是航天服穿脱进出的密封门。"飞天"航天服的头盔经过技术改进，其视野要比"海鹰"航天服头盔的要大，头盔上还配备有摄像头，可拍摄航天员的出舱操作。"飞天"舱外航天服可支持 4 个小时的舱外活动，并可重复使用 5 次。

2008 年 9 月 27 日，在我国"神舟"七号载人航天飞行任务中开展了中国历史上第一次太空漫步，当时航天员翟志刚就穿着我国自行研制的"飞天"舱外航天服执行出舱作业，刘伯明则穿着俄罗斯的"海鹰"航天服在轨道舱内协助接应。翟志刚顺利出舱后，在舱外摄像机前挥手致意，向全国人民、全世界人民问好，同时展示了五星红旗。然后，按计划取回舱外装置并进行了太空行走，最后安全返回舱内，关闭舱门，圆满地完成了我国第一次航天员出舱活动。

整个出舱过程向全世界进行了实况直播，展示了一个航天大国的自信与风采。

5.1 从困境中走出的"神舟"一号

20世纪90年代中期，我国的航天工业正面临着市场经济兴起、外资企业大批涌入的外部环境，几十年陈旧的管理体制已不适应新的时代，航天企业在质量管理、用人制度、奖励机制等方面都存在较大的问题，这些问题最终以重大航天事故的形式凸显出来。

1996年2月15日凌晨3时01分，我国新研制的"长征"三号乙运载火箭发射国际708通信卫星，点火起飞后约两秒钟，火箭飞行姿态出现异常。约22秒后，火箭头部坠地，撞到离发射架不到2千米的山坡上，随即发生了剧烈爆炸，星箭俱毁，事故造成8人死亡，57人受伤住院。当年，《人民日报》《中国航天报》等媒体均及时跟进，对事故调查情况进行了报道，这是迄今为止我国航天领域发生的最严重的事故。

1999年元旦前夕，一张500元的汇款单寄到了时任中国航天工业总公司总经理刘纪原的手里。汇款人来自浙江舟山定海岛，汇款附言上写道："听说杭天事业发展缺少钱，我寄上伍佰元。"附言非常简短，甚至还把"航天"的"航"字写成了"杭"，但对航天事业的热诚却跃然纸上。

这仅仅是20世纪90年代我国普通老百姓为航天事业捐款的众多事例中的一个。之所以会有来自普通民众的自发捐款，起源是当时社会上流传着"造导弹不如卖茶叶蛋"的知识无用论。但大多数群众仍旧坚信科学技术是第一生产力，是一个国家最为重要的战略资源，是强国富民的根本。

来自普通群众的捐款虽然金额不多，大多只是象征性地表达自己的心意与期望，但这着实给在"严冬"中跋涉的中国航天人带来了些许的暖意。

　　心怀人民的重托，顶着发射失败的压力，我们的航天人从 1996 年 10 月至 1998 年底的两年多时间里，拿下了发射"13 连胜"的战绩，航天火箭型号研制与应用发射的被动局面得到了扭转。航天国有企业改革也得以推进，1999 年 3 月 8 日，中共中央政治局常委会讨论批准了军工总公司改组方案，4 月初，国防科工委上报的《关于各军工总公司改组为若干企业集团有关问题的请示》获国务院批复。根据批复，中国航天科技集团公司（现中国航天科技集团有限公司）和中国航天机电集团公司（现中国航天科工集团有限公司）分别在原航天工业总公司所属部分企事业单位基础上组建为特大型国有企业。

　　正当我国航天工业领域的企业刚刚完成改组，一颗惊雷在中国人民的头顶上炸响了。1999 年 5 月 7 日深夜（北京时间 5 月 8 日上午 5 时左右），以美国为首的北约悍然对南联盟进行了轰炸，中国驻南联盟大使馆遭到美方导弹轰炸，造成正在使馆中工作的多名记者不幸牺牲，炸伤数十人，使馆建筑遭到严重损毁。5 月 25 日，美方炮制了所谓的《考克斯报告》，污蔑我国窃取美国的尖端技术，此后美国政府对中国航天采取了遏制政策，中美之间的航天交流与合作到此停滞。

　　残酷的现实摆在了我国航天人的面前，"弱国无外交"，只有造好手里的"大国重器"，在国际上才有话语权，才能在国际合作交流中有平等的地位。唯有自强，才有立足之地，在我国驻南联盟大使馆遭空袭后的第三天，"长征"四号乙运载火箭首飞，将"风云"一号 C 星和"实践"五号卫星送入太空。6 月初，一个长 20 米、写着"强烈谴责美国野蛮暴行，团结起来共铸中华神剑"字样的条幅，由上万名航天人签名后，被中国革命博物馆（今国家博物馆）收藏，这代表了我国几十万航天领域科研技术人员与工人的意志与决心。

　　经过多年的研制与地面试验，我国"神舟"一号飞船以及"长征-2F"运载火箭也已准备就绪。由于这是我国首次载人航天工程的试验飞行，为稳妥起见，首飞的时间最终定在了 1999 年年底。

　　这一年的 11 月 20 日，北京时间凌晨 6 时 30

"神舟"一号发射

分 07 秒，"长征-2F"运载火箭托举着"神舟"一号试验飞船在我国酒泉载人航天发射场发射升空，火箭起飞后 111 秒逃逸塔分离，123 秒 4 个助推器分离，155 秒一、二级分离，197 秒整流罩分离，454 秒二级火箭关机，569 秒二级火箭用于控制姿态的游机关机，572.5 秒船箭分离后，飞船在青岛西南部海域上空入轨。

"神舟"一号遨游太空的雄姿

飞船入轨后，北京航天飞行控制中心对飞船工况进行了监视，遥测数据表明，飞船飞行姿态正确，太阳能电池帆板展开正常并准确对准太阳，飞船状况一切正常。运行段飞行第 3 圈时，北京飞控中心计算并通过喀什站向飞船注入了试喷控制参数。飞行第 5 圈经过太平洋"远望"二号测量船上空时，飞船发动机试喷成功。北京飞控中心根据试喷后的外测数据进行了控后轨道改进及返回参数和控制量计算。

飞船第 13 圈在经过渭南、青岛上空时，两地面站进行返回控制数据注入，但没有成功。北京飞控中心根据出现的情况，马上通知位于大西洋的"远望"三号测量船，准备飞船第 14 圈进入其测控区时进行数据注入。"远望"三号测量船及时捕获飞船并成功注入控制数据。

飞船在轨运行第 14 圈，于 21 日凌晨 2 点 53 分在南大西洋"远望"三号测量船上空准时进行第一次调姿，轨道舱与返回舱-推进舱联合体分离；第 15 圈进行了第二次调姿并点火制动成功，准确进入返回轨道，在巴基斯坦南部卡拉奇站上空 140 千米高度返回舱与推进舱分离，再入大气层。

3 点 20 分左右，搜救直升机目视发现目标，地面雷达于 3 点 24 分发现目标。飞船返回舱降至 10~8 千米高度时，降落伞打开，离地约 1.2 米时缓冲火箭点火，返回舱于 3 点 41 分顺利实现软着陆。地面搜救车辆在 4 点 20 分找到返回舱，实际落点距理论落点偏差 12 千米。

这次飞船试验过程中，成功验证了飞船关键技术和系统设计的正确性，以及发射、测控通信、着陆回收等地面设施在内的整个工程大系统工作的协调性。

整个试验过程中，运载火箭和试验飞船性能良好、飞行正常、动作准确，主要关键技术取得突破性进展；发射场设施设备和"三垂"测发模式经受住了实战的考核；新建的载人航天测控通信网工作协调，数据处理正确，指挥、控制无误；着陆场系统迅捷高效；载人航天发射组织指挥关系初步确立、运转正常。试验结果表明，第一次飞行试验的各项目的已经达到，实现了"争八保九"（即争取在1998年、保证在1999年进行第一次飞船发射试验）的目标，为载人航天工程后续任务的实施打下了良好的技术基础。

当然，由于是第一次试验飞行，仍有一些不足之处，例如：为提高航天员安全而增加的火箭逃逸系统和故障检测系统虽参加了任务，但不具备逃逸功能；飞船13个分系统中有9个分系统参加试验，有效载荷、乘员、仪表照明3个分系统只是部分设备参加了试验，涉及航天员安全的应急救生分系统没有参加试验；航天员系统和飞船应用系统除个别设备参加试验外，绝大部分设备是工艺件，未加电工作；着陆场系统没有启用副着陆场。

虽然有这些不足，但"神舟"

1992年，我国决定实施载人航天工程，代号"921工程"。

1996年3月，北京飞控中心成立，第一座飞控大楼在北京西北郊外的稻田中破土动工。建成后，孤零零地立在田野中。当时有人用"三无"来形容刚刚成立的飞控中心：没有一台现成的用于载人航天任务的设备，没有一行可用的软件代码，没有一本完整的飞控方案。更紧迫的是缺人，几位老同志带着刚刚毕业的大学生，"大学生脑子里跟白纸一样，连飞船长什么样都不知道"。

这是一段艰难的岁月。人员缺乏经验，软件平台尚未建成，大量工程问题暴露出来，一切都在摸索之中，而且，时间非常紧迫。这批飞行控制领域的创业者和开拓者，每天活跃在飞控大厅、食堂、宿舍的三点一线之间，穿梭在大大小小的仪器设备和蛛丝般粗细不同的电缆、插头间，在一次次试验摸索中，研制出了第一代一体化航天飞行控制平台，用以支持多种型号任务、多目标测控的需要。

渐渐地，这群青涩的大学生发现，与他们昔日的同学相比，他们大多处在各自领域的关键岗位上，甚至具备了独当一面的能力。

1999年11月20日，"神舟"一号飞船如期在酒泉载人航天发射场发射升空。指挥大厅里的人们沉浸在一片兴奋之中，他们互相拥抱，用力鼓掌，有人激动得流下眼泪。此时，这个创造了奇迹的年轻群体平均年龄只有28岁。

一号试验飞船的成功发射，标志着我国载人航天技术迈出了重要的一步；同时，"神舟"一号飞船的成功收回，也说明了我国的航天事业将会走在世界前沿。"神舟"一号飞船是我国航天史上的重要里程碑。

"神舟"一号试验飞船的成功发射与返回着陆，引起了全国上下、社会各界的热议，在我国航空航天相关院校的学子当中更是激起了航天报国的热潮。自"神舟"一号发射时学校就会组织学生观看直播节目，之后十多年里，我国历次载人航天发射及重大航天活动，学生们都会收看直播节目，现场气氛热烈，令人心潮澎湃、热泪盈眶。

距离"神舟"飞船首飞20年过去了，当年在看直播节目时欢呼、流泪的那些学子，始终关注"神舟"研制动向，他们中的许多人已经成为我国航天领域的中流砥柱，正在为我国航天事业新的征程与新的发展做着不懈的努力。

5.2 无人试验飞船：从"神舟"二号到四号

载人航天与非载人航天相比，载人航天对火箭、飞船的安全性和可靠性要求更高，必须将航天员的生命安全放在第一位。载人飞船的研制在我国航天领域还是第一次，技术难度大、系统复杂，很多技术对我国航天人来说都是一个全新的领域，每一个课题都如一座大山横亘在航天科技人员的面前。

载人飞船由10多个分系统组成，在发射期间要经历火箭发动机工作期间的冲击、振动和噪声等复杂的力学环境；在轨运行期间要经受高真空、冷热交替、空间辐射等恶劣环境的威胁。飞船的返回舱和轨道舱是航天员在发射和在轨飞行期间的工作与生活场所，需要为航天员提供合适的气压、气体成分、温度与湿度。在火箭发射和在轨飞行期间，一旦运载火箭或飞船出现严重故障，还要为航天员提供救生手段，以确保航天员的生命安全。

我国的"神舟"飞船在研制过程中，虽然已经做了大量的分析、计算和各种地面试验，但这些试验毕竟是有限的，与真实的发射、飞行条件存在差异。如果不经过实际飞行的考验，贸然进行载人发射与在轨飞行，将置航天员于危险境地，一旦发生严重的事故，势必会影响整个载人航天工程的后续发展。因此，在正式载人飞船发射之前，先进行几艘无人试验飞船的发射是非常有必要的。

无人试验飞船可对各系统设计的正确性和协调性进行考核；对各系统的工作性能、可靠性、安全性进行考核和验证；对飞船舱内环境是否适合航天员生活与工作进行考核。通过一系列的试验发现不足，经过改进后再加以试验验证，直到飞船各项功能、性能完全符合要求，确保载人飞船的飞行安全和可靠。

"阿波罗"测试飞船的逃逸塔带着乘员舱脱离火箭

世界上第一只飞天的太空狗——德兹卡

航天历史上，苏联在第一次载人飞船发射之前，进行了 7 次无人试验飞船的发射。美国在"水星"计划中，进行了多达 20 次的无人飞船发射试验，其中有 4 次搭载灵长类动物进行飞船发射与轨道飞行试验，这些试验完成之后，才于 1962 年进行了第一次载人的绕地轨道飞行试验。

我国 1999 年发射的"神舟"一号无人试验飞船，顺利完成了新型"长征-2F"载人运载火箭"三垂"模式的总装、测试与转运，火箭与飞船的匹配测试，发射场与着陆回收场的演练，以及对由陆基测控站和分布于大洋上的四艘"远望"号航天测量船所组成的载人航天测控网的实战考核，迈出了载人工程里程碑式的一步。

但"神舟"一号飞船与最终实际要使用的载人飞船还有一定的差距，因此，在之后几年，我国又陆续开展了"神舟"二号、三号和四号无人试验飞船的发射与在轨运行测试。

2001年1月10日凌晨1时，我国第二艘无人试验飞船——"神舟"二号在酒泉载人航天发射场发射升空，约10分钟后成功进入预定轨道。"神舟"二号在太空停留7天，绕地球飞行约108圈。这是我国第一艘正样飞船，与后续要载人的飞船相差无几。返回舱成功返回地面后，飞船轨道舱继续在轨运行长达半年之久，成功进行了一系列空间科学实验。这一具有中国特色的轨道舱在轨无人飞行等于在飞船发射的同时，还发射了一颗空间实验卫星，使得航天任务的开展具有成倍的效果与成绩。

苏联和美国在无人飞船试验期间，都曾搭载过灵长类动物（如猴子）代替人进行飞船发射与太空飞行的试验。而我国"神舟"二号飞船上并没有放置猴子或其他动物，而是采用了"模拟人"。这个"模拟人"和航天员一样，也身穿白色航天服，头戴头盔，端坐在座椅上，看上去和真人一模一样。

替代航天员的这个"模拟人"由人体代谢模拟装置、拟人生理信号装置以及形体假人组成的拟人载荷系统组成。它能模拟航天员在太空生活时的多种重要生理参数，如脉搏、心跳、呼吸、体温、血压、饮食等。这些与真人一样的生理信号传回地面，由地面飞控中心的医监人员来模拟监控航天员的健康状况。

航天员在飞船气密舱内工作和生活时，会消耗座舱内的氧气，也会产生热量。人体代谢模拟装置能够模拟真人的耗氧速率、耗氧量和产热量，并向座舱内辐射热量。同时，飞船内的环控生保系统会不断

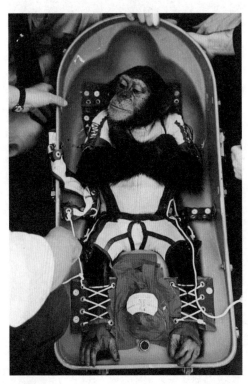

哈姆成为第一个进入太空亚轨道飞行的黑猩猩

地补充氧气并降温除湿,以保持座舱内的气体环境。

由于航天员在飞船的上升和返回段被束缚在返回舱的座椅上,因此其身高、体重和质心是飞船结构设计的必要参数。形体假人与真人一样,包括头、躯干、四肢等多个部分,当安装在飞船座椅上时,其姿态以及重心能够与载人时的姿态保持一致,并且每一部分的形状、质量也与真人保持一致。

"神舟"二号飞行试验各系统状态配置比较完整,首次比较全面地考核和验证了载人飞行环境,飞行轨道和程序接近载人飞行状态,测试发射和飞行控制技术及组织实施更加成熟,整个工程大系统更加接近了载人飞行的目标。

"神舟"三号无人飞船于 2002 年 3 月 25 日 22 时 15 分发射升空。在遨游太空 6 天 18 小时后,飞船返回舱于 2002 年 4 月 1 日 16 时 51 分,在内蒙古中部着陆场预定区域准确降落。其

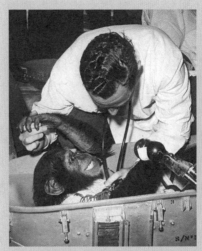

🔊 黑猩猩伊诺斯返回地面

美国进行过多次搭载动物的太空飞行试验,如黑猩猩哈姆的"首飞",另外,比较著名的还有黑猩猩伊诺斯的太空飞行。

1961 年 11 月 29 日 15 时 07 分,火箭点火起飞,伊诺斯乘坐的"水星"飞船升空。

5 分钟后,飞船突破卡门线,进入太空。第一圈情况正常,在第二圈轨道飞行时,飞船内部的温度迅速上升,从 18℃上升到 27℃。

这表明飞船的空调器坏了。这时,伊诺斯的体温上升到 37℃,然后到 38℃。

伊诺斯一下子有了生命危险,温度再增高,它可能会死亡。

幸好,当座舱温度达到 38.1℃时,伊诺斯的体温仍然稳定,这表明宇航服的温度控制系统已经开始运作起来。

在再入地球时,伊诺斯感觉到飞船震动非常剧烈,外面一团火焰,飞船返回舱隔热层温度达到 1 650℃——科学家担心:飞船会被烧化,伊诺斯会被烧死。

突然,一切都开始好转,降落伞打开了……

飞船经过 3 小时 13 分钟发射和飞行,以及 9 分钟降落,最后溅落在百慕大群岛南部的预定海域。

飞船上的伊诺斯死里逃生,成为世界上第一只在太空轨道飞行的灵长类动物。

轨道舱则按计划继续留轨运行大约半年时间，进行了一系列的科学实验和应用技术的实验。

"神舟"三号飞船的技术状态与载人飞船的状态完全一致，进一步优化改进了许多分系统的性能。与"神舟"二号相比，"神舟"三号飞船与"长征-2F"运载火箭全面完善了逃逸与应急救生功能，航天员安全保障措施得到了较大的完善。通过这次发射试验，载人飞船、运载火箭和测控发射系统进一步完善，提高了载人航天的安全性和可靠性。

2002年12月30日凌晨0时40分，"神舟"四号无人飞船发射升空。同样也遨游了6天18小时后，返回舱于2003年1月5日19时16分在内蒙古中部地区准确着陆。这是载人飞行前的最后一次"彩排"，是历次无人飞行试验中技术要求最高、参试系统最全、难度最大、考核也最为全面的一次飞行试验，也是最接近载人技术状态的最后一次演练。这一次进一步考核了工程各系统之间的协调性，工程各系统的工作性能及可靠性和安全性。

为确保发射万无一失以及航天员的安全，"神舟"四号飞船的设计师们根据载人飞船的技术状态要求和前三次飞船飞行试验中暴露出来的问题，对飞船的部分技术状态进行了改进，设计了8种救生模式，启用了副着陆场和海上应急着陆区——可以说在每个阶段出现意外时，都有能保证航天员安全返回的预案。

从"神舟"一号迈出的里程碑式的第一步，到后续三次正样无人飞船飞行试验，我国的"神舟"飞船已渐趋成熟，载人航天发射、测控与回收系统相互协同与配合的能力也逐渐完善，此时离正式的载人飞船发射只有一步之遥了。

5.3 千年圆梦:"神舟"五号载人太空飞行

我国载人航天工程自 1992 年立项实施,航天人历经 11 年艰苦奋斗,先后开展了四次无人试验飞船的发射与在轨运行试验。2003 年 10 月 15 日上午 9 时整,我国首位航天员杨利伟乘坐"神舟"五号载人飞船从酒泉载人航天发射场顺利飞向太空,这标志着我国成为第三个能够独立开展载人航天活动的国家。

飞船发射约 30 分钟后,杨利伟从太空向地面发来语音表示自己"感觉良好"。下午 5 时 26 分,当飞船绕地飞行第六圈时,杨利伟与地面飞控中心进行了第一次"天地对话"。18 时 40 分,杨利伟在太空展示了中国国旗和联合国旗帜,并向地球发出问候——自此太空中终于有了中国人自己的声音。

飞行 21 小时后,飞船已绕地球飞行 14 圈,"神舟"五号载人飞船返回舱进入返回轨道,并于 16 日 6 时 23 分在内蒙古自治区四子王旗阿木古郎牧场的主着陆场成功着陆,实际着陆点与理论着陆点仅相差 4.8 千米。返回舱完好无损,杨利伟经医护人员简单查看后自主出舱、状态良好。"神舟"五号载人飞船的飞行任务取得了圆满成功,标志着我国载人航天飞行初战告捷,实现了中国人千年来的"飞天梦"。

作为首次载人航天飞行任务,"神舟"五号的飞行任务相对简单,主要就是将航天员安全地送入太空,完成预定程序后,再安全返回地面。

通过这次载人飞行任务,着重考核工程各系统的工作性能及可靠性,以及各系统之间的相互协调性,同时考核飞船内的载人环境,获取航天员舱内生活、工作环境参数以及与航天员安全健康有关的数据。在轨飞行期间,航天员不进入轨道舱、不脱舱内航天服,航天员通过无线通信

"神舟"五号发射现场

设备每圈均可与地面联系。当飞船处于测控区内时，地面测控站、海上测量船接收航天员生理和图像信息，监视航天员的生理状态和活动情况，并指示航天员完成必要的操作。

为便于发射时的观测与跟踪，我国航天发射通常安排在凌晨，但首次载人航天发射考虑到应急救援的需要，"神舟"五号飞行试验按照"白天发射、白天回收"的原则组织实施。针对航天员的安全保障，在设计"神舟"五号载人飞船时就遵循"一度故障，正常飞行；二度故障，安全返回"这样一个原则。具体来说就是，当一个系统第一次出现故障时，要做到飞船能正常运行，出现第二次故障时，能保证航天员安全返回。可以说对于载人航天飞行，我们的航天科研技术人员对每个系统、每个技术细节都尽最大的努力做到万无一失。

"神舟"五号的返回着陆点距离理论着陆点仅为几千米，这在飞船返回技术领域已经处于国际领先水平。

"神舟"五号飞船在太空的雄姿

在这次飞船返回舱着陆过程中，搜救直升机上的人员首次观察并拍摄到了返回舱划过天空、主降落伞打开并下降、缓冲发动机点火及返回舱落地脱伞的全过程。在面积数千平方千米的着陆场，搜救人员能够在预测的地点区域就位，并目视到飞船返回舱着陆的全过程，这说明我国在飞船返回控制与着陆点预测技术方面已经达到了相当高的精度，这就为航天员安全出舱与应急情况处理争取了宝贵的时间。

"神舟"五号飞船除了具有推进舱、返回舱和轨道舱的三舱布局外，还在轨道舱前面添加了一个附加段，形成了具有中国特色的"三舱一段"的载人飞船新构型。这个附件段可用于微重力测量、高能电子和高能粒子探测等，进一步挖掘了载人飞船在轨飞行功效。在返回舱返回地面之后，"神舟"五号的轨道舱和附加段留轨继续运行并工作了6个月，共绕地球飞行近 2 700 圈，达到了预期设计寿命，先后开展了一系列空间环境监测和空间定位等科学实验、科学探测与研究，取得了一批具有国际领先水平的科学和应用成果，全面提升了我国空间科学研究的技术水平。

🎧 "神舟"五号飞船返回舱

我们知道，在英文中航天员或宇航员一词是"astronaut"。而历史上，当苏联人加加林成为第一个进入太空的航天员时，西方媒体为了有所区别，造了一个新词"cosmonaut"，特指苏联的航天员，而美国的航天员则被称为"astronaut"。

我们中国人杨利伟实现历史性的太空之旅后，海外网络媒体上陆续用"taikonaut"来特指中国的航天员。这个词的前半部分"taiko"可以认为是中文"太空"一词的拼音拼写，后半部分"naut"是水手或航行家的意思——"taikonaut"这个中西合璧的新词，就成为特指我国航天员的英文单词，并逐渐被主流媒体认可。现在，这个词已被收录到新版牛津和朗文等英文词典中。

5.4 航天员乘组遨游太空："神舟"六号

无论是郑和下西洋，还是哥伦布发现新大陆，他们的背后都有一支具有一定规模的远洋舰队。未来人类面对星辰大海时，也不会是单枪匹马的孤胆英雄，必然是一支团结紧密、分工明确、合作默契的星际舰队。航天历史上，苏联和美国除了各自的首次太空飞行为一名航天员外，其他历次航天飞行任务通常都是由2到3名航天员组成的乘员组共同执行的。在美国的航天飞机时代，每次飞行则是由7名航天员乘组来完成。

多名航天员共同执行航天飞行任务，相对一名航天员而言，个人的工作压力要小很多，相互之间可以分工合作，并可轮流工作，以便能够得到充分的休息。另外，在一个完全封闭的空间内，有同伴的存在，也能够减少航天飞行过程的孤寂，相互之间可以起到鼓励与心理支持的作用，这样能够更好地完成飞行任务。

航天员乘组的确定，除了要考察每个乘员的身体条件和心理素质外，还要注重乘员之间的默契度和相互合作的能力。"神舟"六号飞船确定采用两人飞行的方案后，立即启动了乘员组的初选工作，选出了5组共10名航天员，进而又开展了乘员组的复选工作，选出3组6名

🔊 "神舟"六号成功发射

航天员，并开展了相应的强化训练。根据训练情况，航天员训练大队确定了这3个乘员组的排序。在"神舟"六号载人飞船发射前两天，最终确定由费俊龙和聂海胜组成的乘员组执行此次载人航天飞行任务。

"神舟"六号载人飞船飞行的主要目的是将两名航天员安全地送入太空，在轨运行5天完成预定任务后安全返回地面；考核两名航天员在轨运行5~7天条件下的保障能力，并获取相关的数据。

2005年10月12日上午9时，航天员费俊龙和聂海胜乘坐"神舟"六号载人飞船飞向太空，在轨生活工作5天后，"神舟"六号飞船返回舱于10月17日凌晨4时33分安全着陆在内蒙古自治区四子王旗阿木古郎牧场的主着陆场，"神舟"六号两名航天员遨游太空的飞行任务圆满完成。

❶ "神舟"六号航天员费俊龙

此次载人航天飞行任务中，各系统又得到了进一步的改进与完善。在运载火箭方面，"神舟"五号飞船发射时曾出现过长达26秒的剧烈振动，用于此次发射的火箭经技术改进后减小了振动，航天员在舱内感觉较为平稳。火箭技术人员在箭体上安装了多个图像实时监测系统，工作人员在地面能够实时而清楚地检测到火箭助推器分离、级间分离、整流罩分离、船箭分离等关键动作。另外，在飞船的逃逸塔上增加了安全点火装置，加大了对航天员安全的保障。

❶ "神舟"六号航天员聂海胜

"神舟"六号载人飞船在轨飞行期间，两位航天员还首次脱下了舱内航天服，换上了轻便的舱内工作服，打开了返回舱和轨道舱之间的舱门，进入轨道舱进行了科学实验和技术试验。航天员在两舱之间进行"穿舱"活动，会对飞船产生较

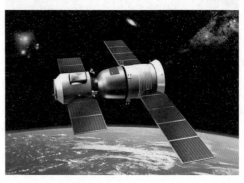

❶ "神舟"六号飞船

大的扰动力（飞船控制系统的改进可以减小这种扰动的发生）。通过两位航天员多次往返的"穿舱"活动，甚至做转体、翻转等大动作，验证了飞船控制系统的有效性，真正做到了航天员在舱内"我动我的"，飞船"你飞你的"，相互之间没有产生任何影响，为航天员进一步开展舱内活动提供了可靠的信心。

"神舟"六号飞船入轨自主运行期间，舱内温度、湿度控制满足要求，返回舱和轨道舱的温度均匀。进入测控区后，陆上测控站和海上测量船能清晰收到航天员的图像，并可正常在航天员手持摄像机和舱内固定摄像机画面之间进行切换。在轨期间飞控中心与两名航天员共进行了50多次的天地通话，上行话音航天员主观感觉清晰，飞控中心收听到的下行话音也非常清晰，通话质量良好。由于本次任务有两名航天员参与，因此通过本次飞行考核了以往试验中未曾考核的混合通话功能，通话质量良好。

由于"神舟"六号飞船在轨运行时间长，乘员有两人，并且航天员要进入轨道舱生活、工作，因此此次飞行首次全面启动了环境控制和生命保障系统。基于2人5天的飞行任务，"神舟"六号准备了充足的食品和饮用水，食品柜位于轨道舱内，舱内的氧气、温度和湿度可自动感应调节。在轨道舱内还首次放置了一个睡袋，供两名航天员轮流休息使用，考虑到人在地面的睡眠习惯，所以通过睡袋的束缚作用人为地制造一种"床"的感觉。

🔘 在飞行中，费俊龙抓拍的巴丹吉林沙漠

为了应对飞船意外着陆在恶劣或危险的地区，舱内还为航天员准备了救生艇、抗浸防寒服，以及求生期间所需的食品、饮用水、工具、信号弹等物品。为了安全，还配备了手枪、刀具、野外生存用品、电台等。

我国的"神舟"载人飞船上还像飞机上一样安装了"黑匣子"，这也是我国载人飞船的一大特色，在苏联和美国的载人飞船上是没有"黑匣子"的。载人飞船上的这个"黑匣子"可以全程记录飞船的飞行数据、舱内状态数据，以及航天员的通话等，可为发生意外事故后调查事故原因，改进相关系统的设计提供宝贵的第一手资料。

在着陆场系统方面，"神舟"六号载人飞行首次启用了副着陆场，可针对主着陆场的天气情况，灵活安排着陆地点，这样可起到气象备份的作用。飞船在轨运行期间，两个着陆场全面启动，主、副着陆场都配备了必要的搜救设备和人员，时刻做好迎接飞船着陆返回的准备。

这次飞船回收任务中，首次将医监医保设备和人员装载到搜救直升机上，确保空中搜索救援分队不用再等待地面车辆的到来，就可以独立完成医监医保的工作，极大提高了对航天员紧急救护的速度与效率。

"神舟"六号载人航天飞行任务的圆满完成，为我国后续开展多人多天的在轨工作与生活积累了宝贵的经验，是我国载人航天工程的又一大进步。

5.5 航天员漫步太空："神舟"七号

航天员出舱对于开展空间环境下的实验、维护和维修载人航天器，以及今后空间站的部件组装都具有重要的意义。美国的航天飞机和国际空间站在轨运行期间，都曾经开展过大量的出舱活动，极大地提高了航天任务执行的效率和灵活性，因此航天员出舱活动是载人航天工程的又一个重要里程碑。

🎧 "神舟"七号航天员景海鹏(左)、翟志刚(中)、刘伯明(右)出征前

"神舟"七号发射瞬间

时隔三年之后，我国航天员再次踏上了探索太空的征程。2008年9月25日21时10分，我国第三艘载人飞船——"神舟"七号将翟志刚、刘伯明和景海鹏3名航天员顺利送入太空。飞船历时2天20小时27分，在太空预定轨道绕地球飞行45圈后，于28日17时37分成功降落在内蒙古中部预定区域。

"神舟"七号的主要亮点，就是实现了航天员的出舱活动，这也是此次载人航天飞行首要的任务。航天员出舱的具体过程分为四个阶段，即舱外航天服在轨组装、检查与训练阶段，出舱准备与过气闸舱阶段，舱外活动阶段以及返回进舱阶段。其中最危险和最难的是舱外活动阶段。

舱外航天服在发射时是打包固定在轨道舱内壁上的，飞船进入预定轨道后，航天员进入轨道舱，启封舱外航天服的包装，并进行组装，再把净化器、氧气瓶、电池、无线电遥控装置等部件装到航天服上。在飞行至第10到19圈时，进入轨道舱的翟志刚、刘伯明分别组装与检测各自要穿着的"飞天"舱外航天服和"海鹰"舱外航天服，同时检查气闸舱内的仪器设备。经过一系列的检查和地面对检查结果的确认之后，翟志刚、刘伯明穿好生理背心，戴好通信头盔，打开舱外照明灯，与位于返回舱的景海鹏共同进行通信、照明、摄像设备的检查和数据传输检查，并向地面报告情况。

经地面飞控中心确认后，翟志刚和刘伯明分别"钻"进"飞天"舱外航天服和"海鹰"舱外航天服，关闭舱外航天服的背包门，检查气密性，调节航天服尺寸。在整个穿着舱外航天服的过程中，两名航天员互相配合，一人操作时，另一人读操作手册并进行确认，以确保所有的操作万无一失。随后，两名航天员进行了约100分钟的在轨训练，将整个在轨准备和舱外活动预演一遍，进一步熟悉出舱活动的每一个步骤。

由于舱外太空为真空状态，因此在航天员出舱前舱外航天服进行加压的过程中，轨道舱逐渐泄压，与此同时，航天员进行约30分钟的吸氧排氮。轨道舱气压降至3千帕时，舱外航天服与飞船的气液组合连接器断开，航天服进入完全自主供氧和冷却状态，即由舱载生命保障系统供给转为舱外航天服自主生命保障系统供给。此时，舱外航天服内的压力为40千帕，这是人体能够承受而且又能保证灵活性与气密性的压力值，轨道舱内的气压则逐渐接近真空。最后，翟志刚、刘伯明进行出舱前例行检查，带上出舱活动的安全系绳及其挂钩，打开舱外照明灯和摄像机，做好出舱状态确认，经地面飞控中心批准后打开气闸舱的外舱门。

2008年9月27日16时34分，航天员翟志刚开始开舱门，16时41分舱门完全打开，16时44分翟志刚身体出舱。翟志刚半个身子探出去后，首先对着推进舱上的摄像机镜头展示我国国旗，然后借助舱外活动扶手系好安全挂钩，沿轨道舱外壁活动，取下放置在轨道舱外壁上的试验材料样品，递给舱内的刘伯明。完成上述操作后，翟志刚沿轨道舱外壁活动，他身上两条安全绳与飞船相连，每步操作之前，都先把一根安全系绳的挂钩固定在舱壁的扶手上，然后再移动另外一根安全系绳的挂钩，挂钩的这种严格交替换位对于出舱活动是非常重要的。在失重环境中，身体没有任何可以依靠的发力点，因此航天员只能在安全系绳挂钩的帮助下，通过手在飞船舱外壁把手上的位置改变来实现身体的移动。结束舱外活动后，翟志刚回到轨道舱，整个舱外活动全程持续约19分钟。

返回轨道舱后，关闭气闸舱门，轨道舱内开始进行压力恢复的过程，逐渐复压至80千帕时，航天员恢复舱内工作状态，脱掉舱外航天服。当轨道舱与返回舱压力一致后，两舱之间的舱门打开，翟志刚、刘伯明回到返回舱，3名航天员会合。至此，我国首次航天员出舱活动取得了圆满成功。

"神舟"七号飞船首次满载3名航天员，进行了3人3天的空间飞行，在满载荷的条件下，全方位考核了载人航天工程总体及各个系统。与"神舟"六号飞船相比，在多增加1人的情况下，"神舟"七号要提供相应的座椅、食品、饮用水、环境控制功能等多种资源支持，技术难度又上了一个台阶。

"神舟"七号飞船在飞行期间，还释放了一颗约重40千克的伴飞小卫星，这是我国首次从一个航天器释放另一个航天器，验证了在轨释放技术。释放后的飞船伴飞小卫星对飞船进行了照片和视频拍摄，

⬆ "神舟"七号飞船返回舱

"天链"一号是中国第一代地球同步轨道数据中继卫星系统，目前为止共发射了四颗。中继卫星被称为"卫星的卫星"，可为卫星、飞船等航天器提供数据中继和测控服务，极大地提高了各类卫星的使用效益和应急能力，使资源卫星、环境卫星等数据实时下传，为应对重大自然灾害赢得更多预警时间。"天链"一号的成功建设，使我国在世界上继美国之后第二个拥有了对中、低轨道航天器具备全球覆盖能力的中继卫星系统。

"天链"一号在西昌卫星发射中心的成功发射，填补了中国卫星领域的又一空白。随着中国航天事业的发展，中继卫星将会得到更广泛的应用。

并下传了所拍摄的飞船视频和图片，经处理后图像清晰。这一技术可以更好地观测飞船船体，并具有更多潜在的应用。

飞船的测控除了可以通过陆基的测控站和大洋上的测量船，还可以借助在轨卫星进行空间的测控。"神舟"七号飞船就安装了中继卫星终端，首次与"天链"一号中继卫星进行了链路通信试验，为今后载人航天交会对接等对测控覆盖要求更高的活动奠定了基础。

在着陆系统方面，"神舟"七号载人飞行任务中首次应用了北斗卫星导航系统。由于北斗卫星导航系统兼有短信功能，着陆回收指挥员可通过短信方式搜集搜救信息和发布指令，实现统一指挥调度，最大限度地实现快速、有效搜索返回舱和营救航天员。利用全球定位系统（GPS）和北斗卫星导航系统，使着陆目标定位更加准确，不管返回舱着陆姿态如何变化、地形如何，在一定距离内的高空、中空和地面的定向设备都能准确捕获到返回舱的信号，确保救援人员在第一时间赶到现场。

"神舟"七号载人航天飞行任务的圆满完成，标志着我国已成为世界上第三个独立掌握空间出舱活动技术的国家，为实现我国载人航天工程"三步走"的发展战略，建立短期有人照料的空间实验室，开展一定规模的空间应用研究，进而建立我国自己的空间站，奠定了坚实的科研与技术基础。

第6章

迈向空间站时代：从“神舟”八号到“神舟”十一号

>>>

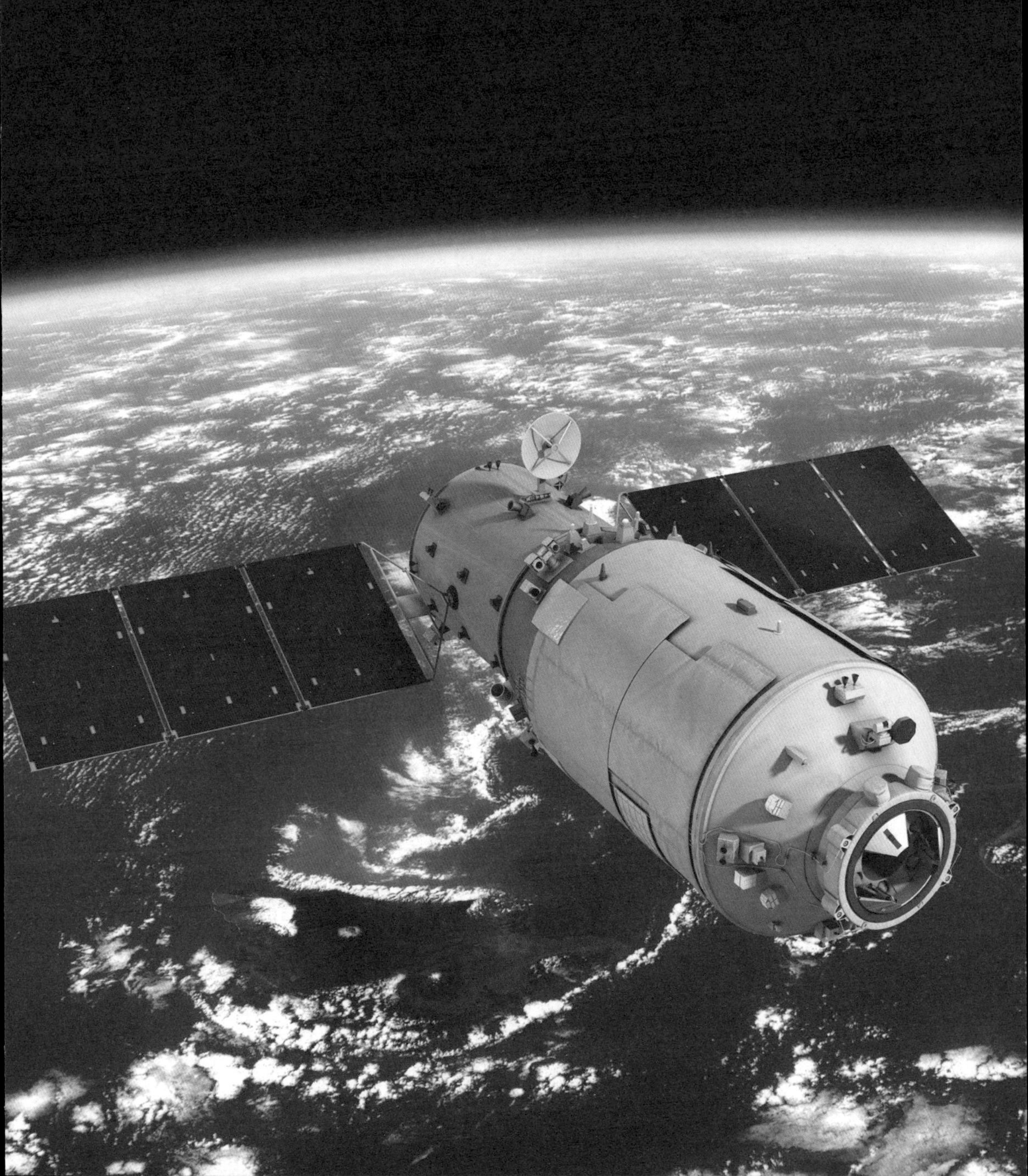

6.1 "天宫"一号与"神舟"八号

从 1999 年 "神舟" 一号首飞到 2008 年 "神舟" 七号航天员翟志刚实现太空漫步，我国的载人航天工程扎扎实实走完了整整十个春秋。根据我国载人航天工程 "三步走" 的战略规划，可以说到此时已经顺利完成了第一步任务目标，即发射载人飞船并顺利回收；第二步也有了新的突破，即实现了航天员出舱活动。接下来中国航天要向更高的目标发起冲击，就是要建立我们自己的空间站。

2009 年的春节联欢晚会上，守候在荧屏前的全国亿万观众目睹了我国第一个空间实验室模型 "天宫" 一号从舞台中间缓缓升起，我国航天人郑重地向全国人民及全世界宣布，在接下来的十年里，我们要从发射空间实验室开始，逐步突破空间站建设的各项关键技术，最终在 21 世纪 20 年代建立中国人在太空的家园——空间站，圆满完成我国载人航天工程的第三步任务目标。

"天宫" 是中华民族对未知的天上世界最为通俗的说法，想象着那是最舒服的地方，在那里身心最为自由。我国的空间站命名为 "天宫"，这是一个最能得到我们中国人共鸣的名字，与 "神舟" 飞船、探月的 "嫦娥" 工程一样，都有着浓厚的中华文化特色，是 "中国梦" 最为完美的体现。

建立空间站首要的关键技术是要掌握空间交会对接技术，也就是两个航天器在轨道上进行对接，并成为共同飞行的一个组合体。由于航天器在轨飞行速度快，两个航天器又是先后发射，在茫茫的太空发现、追赶并准确实现对接，这其中的难度是非常大的，稍有差池轻则导致对接失败、飞行任务终止，重则会导致两个航天器俱损。如果有航天员身处其中，则会导致更为严重的航天事故。苏联和美国在历史上都曾有过对接失败的先例，即使是近几年，国际空间站也多次发生过对接失败的情况。例如：2012 年 7 月 24 日，俄罗斯"进步"M-15M 号货运飞船与国际空间站对接失败；2017 年 2 月 23 日，美国太空探索技术公司（SpaceX）研制的"龙"飞船与国际空间站对接失败。所幸，这两次失败的对接并未造成严重的后果。

"天宫"一号的作用有两个：一是作为目标飞行器，二是作为空间实验室。苏联在发展交会对接技术时，采用的是两艘飞船对接的方式。可这一技术的突破并不顺利，连发五艘飞船，前三艘的两次对接都失败了，还牺牲了一位航天员，直到第四艘和第五艘飞船才最终实现了两个载人航天器在轨的交会对接。我国的"天宫"一号既作为目标飞行器，在交会对接试验成功后又可作为空间实验室，可谓一举两得，并为后续空间站的建设积累经验。

"天宫"一号的设计质量为 8 500 千克，主体为短粗的圆柱形，直径 3.35 米，长度 10.4 米，采用两舱结构，分别为实验舱和资源舱。与载人飞船相比，"天宫"

🔊 "天宫"一号结构示意图

一号为航天员提供了更大的活动空间，达到了 15 立方米，能够同时满足 3 名航天员工作与生活的需要。

实验舱主要负责航天员工作、训练及生活，是全密封的环境。对接任务完成后，航天员进入实验舱工作、训练，实验舱内设有睡眠区以及供航天员使用的健身区，一般的活动、睡眠等都在这个舱段中进行。

资源舱为轨道机动提供动力，为飞行提供能源，并控制飞行姿态。"天宫"一号电源分系统的所有设备都在资源舱内，这里还安装有制导、导航与控制系统中的 6 个控制力矩陀螺，用于精确控制"天宫"一号的姿态。

实验舱的锥形前端安装了一个对接机构，以及交会对接测量和通信设备，这里是实现与飞船对接和联通的关键部位。苏联和美国在历史上曾经采用过"杆-锥"式和"周边排列"式两种对接结构。我国的科研技术人员瞄准国际先进水平，采用"导向板内翻式的异体同构周边式构型"来实现对接结构研制的跨越式发展。这种对接机构不仅可以实现我国航天器之间的对接，而且具有通用性，可以与国际空间站对接，充分考虑今后开展国际合作的需要。

用于发射"天宫"一号的运载火箭是"长征-2F"的改进型——"长征-2F-T1"运载火箭。针对"天宫"一号重量更大、长度更长的特点，新的运载火箭加大加长了整流罩的尺寸，直径由原来的3.8米增大到了4.2米，长度由10.7米增大到了12.7米。由于"天宫"一号不需要载人，因此火箭顶部取消了逃逸塔，整流罩顶部外形采用冯·卡门曲线设计，能够减小空气对火箭的阻力和脉动压力。新型运载火箭对助推器加注了更多的燃料，以提高运载能力。飞行时序上，助推器分离时间从原来的140秒调整到了150多秒，整流罩的分离时间也比原来的要推迟一些，这些都是为了满足增加了的运载能力的需要。

2011年9月29日21时16分03秒，"长征-2F-T1"运载火箭托举着"天宫"一号目标飞行器从酒泉载人航天发射场发射升空，21时25分45秒，"天宫"一号准确进入预定轨道。

为实现与"天宫"一号的交会对接，"神舟"八号飞船还进行了一系列的改进设计，"神舟"八号是一艘用于交会对接试验的无人试验飞船，与它的前辈相比，除了具有一些共同的分系统外，还进行了多达上百项的技术改造，其技术状态的改变涉及推进舱、舱内和舱外摄像机、电源分系统以及总体电路等。

"神舟"八号的

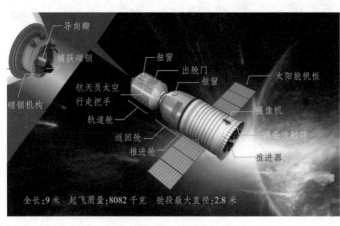

全长：9米　起飞质量：8082千克　舱段最大直径：2.8米

"神舟"八号飞船结构

推进舱增加了 12 台发动机，飞船不但可以前进，还可以实现侧向的平移，这种功能是为与"天宫"一号目标飞行器的交会对接而量身定制的。"神舟"八号还增加了舱外摄像机，拍摄到的图像可以清晰地传回地面，让全世界都能观看到中国人主导主演的"太空大戏"。

2011 年 11 月 1 日 5 时 58 分 10 秒，"神舟"八号无人试验飞船由改进型"长征-2F"运载火箭顺利发射升空。升空两天后，"神舟"八号与"天宫"一号目标飞行器进行了第一次空间在轨交会对接试验，并取得了圆满成功。

两个航天器合二为一，形成组合体后运行了 12 天，"神舟"八号飞船与"天宫"一号脱离，并再次进行了交会对接试验，这标志着我国成功突破了空间交会对接和组合体在轨运行等一系列关键技术。

"神舟"八号从酒泉载人航天发射中心启程

2011 年 11 月 16 日 18 时 30 分，"神舟"八号飞船与"天宫"一号目标飞行器成功分离，飞船返回舱于 17 日 19 时 32 分 30 秒平稳着陆，顺利实现返回。

6.2 "神女"飞天："神舟"九号

空间站这样的大型航天器是无法通过运载火箭一次运送到地球轨道上去的，通常采用分批分次运送部件，进行在轨组装的方式建造。因此，交会对接就成了空间站建设最为关键的技术。同时，空间站建成之后，还需要载人飞船或货运飞船定期进行人员的运输与物资的补给服务，这也离不开交会对接技术。

空间交会对接大致有三种技术途径：人直接参与在轨操作，包括航天员手动操作及出舱操作；人从地面遥控，通过通信链路接收信号、发送指令；利用高级自主交会对接系统，实现自主自动的交会对接。

在太空中，实现对接的前提是交会。所谓交会，就是两个原本在各自轨道上运行的航天器，通过不断调整轨道，即轨道控制，让两个航天器处于同一轨道上运行。另外，在对接时，两个航天器要精确地控制朝向，即进行姿态控制，使对接面处于相对位置。航天器上的姿控系统要随时按要求调整航天器的姿态，使对接时航天器的对接面朝向对接方向，而且两个航天器的对接面中心轴要在同一个轴线上，如果错位了就无法实现对接。最后，当两个航天器相互接近时，相对速度需接近于零，否则对接时会发生较为激烈的碰撞。

交会对接涉及制导、导航与跟踪以及轨道调整等技术，需要地面测控站的配合以及先进的传感器技术和计算机技术等，在进行人工对接时还需要航天员能熟练操控飞船。因此，交会对接涵盖众多技术领域，包括飞行动力学、碰撞动力学、交会对接测量和传感器系统、导航和控制技术、仿真技术和设备等。

一般空间交会对接的过程是：首先发射追踪飞行器，并由地面控制，使其在比目标飞行器稍微低一点儿的圆轨道上运行；接着，通过霍曼变轨，使其进入与目标飞行器高度基本一致的轨道，并与目标飞行器建立通信联系；随后，追踪飞行器调整自己与目标飞行器的相对距离和姿态，向目标飞行器靠近；最后，当两个航天器的距离为零时，完成对接合拢操作，结束对接过程。

当航天器上载有航天员时，还应充分发挥人的作用。当最终逼近阶段的自动控制飞行范围不易掌握时，可以采用手动控制，以保证交会对接任务的成功。因此，在交会对接过程中，要充分考虑人-机功能分配问题，使自动与手动控制方式相互之间形成最佳的结合。

交会对接技术是航天技术中一项技术复杂、规模庞大和变量参数多的控制问题。为了得到一个高度可靠并且具有容错和诊断功能的系统，在上天之前借助于计算机或地面试验台进行仿真试验是必不可少的。

地面试验台是采用高压气流将试验航天器托举起来，使安装了对接机构的航天器在指令的控制下轻松自如地进行六个自由度的姿态调整，从而能很好地模拟空间交会对接的各种试验状态，并测量其相关的各种参数，为设计提供参考或验证。

仅完成一次空间交会对接试验，按国外的惯例是不敢直接进行载人的空间交会对接的。按照原定计划，"神舟"九号是否带航天员上天并不是确定的，这完全要根据"神舟"八号与"天宫"一号对接试验的结果来定。而 2011 年"神舟"八号的对接表现非常完美，没有任何可挑剔之处。航天专家们经过全面

"神舟"九号发射

总结和综合评估之后一致认为，"神舟"九号已具备载人进行飞行并实施与"天宫"一号交会对接的条件。

2012 年 6 月 16 日 18 时 37 分，"神舟"九号载着三名航天员景海鹏、刘旺和刘洋，由"长征-2F"型运载火箭发射升空，两天后与"天宫"一号顺利实现自动交会对接，三名航天员入驻"天宫"。

6 月 24 日 12 时 56 分，"神舟"九号与"天宫"一号在成功分离后，

"神舟"九号航天员景海鹏(左)、刘旺(中)、刘洋(右)

又实现了一次手动的交会对接。

两次载人空间交会对接的成功，标志着我国航天技术向空间站建设又迈出了关键性的一步。

"神舟"九号飞船向"天宫"一号空间站发射信号

"神舟"九号上的三名航天员中，刘洋是一位女航天员，这次飞行也使得我国诞生了第一位女航天员。此次执行任务，也让景海鹏成为我国第一位两次上太空的航天员。

2012年6月16日，刘洋与队友景海鹏、刘旺乘坐"神舟"九号飞船

刘洋原是解放军空军部队的一名运输机女飞行员，驾驶运输机一次飞行往往需要七八个小时，极其考验机组乘员、尤其是飞行员的耐力，没有良好的身体素质和心理素质，是根本坚持不下来的。

2009年夏天，解放军原总装备部启动了第二批预备航天员的选拔工作，这次女航天员也进入了选拔程序，这是我国航天史上第一次选拔女航天员。刘洋所在的部队把刘洋作为条件最优秀的第一候选人报了上去。部队领导们一致认为，作为飞行大队副大队长的刘洋，身体素质过硬，动手操控能力强，心态平和，处乱不惊。之前，刘洋曾在执行飞行任务时，多次经历了突发的飞机撞鸟、结冰等空中异常状况，她都能冷静面对，成功排除险

刘洋在太空展示中国民间艺术——彩鸟

情。在1 500名候选飞行员中，最后通过四轮严格的筛选，挑选出不到20名的预备航天员，刘洋以各方面出众的素质，名列其中。

遨游太空，并与"天宫"一号成功对接，向全世界展示了来自东方的"太空玫瑰"的魅力，流传数千年的"嫦娥飞天"的梦想变成了现实。

随着今后载人航天技术的发展和太空探索领域的不断扩大，我们相信女航天员会越来越多地出现在太空这个大舞台上，展示出更加璀璨夺目的光彩。

🎧 刘旺正在玩太空飘舞游戏

2012年6月29日10点00分，"神舟"九号载人飞船在遨游太空12天后，飞船返回舱成功降落在内蒙古中部的主着陆场预定区域。三名航天员平安返回地面，身体状况良好。

"神舟"九号载人飞船首次实现了载人的空间交会对接，开创了我国航天史上的多个第一，为我国航天史掀开了极具突破性的新篇章。

6.3 十全十美："神舟"十号

2013年6月11日17时38分，"长征-2F"运载火箭再一次托举起"神舟"飞船飞赴"天宫"。

这是"神舟"飞船的第10次发射，同时距离航天员杨利伟乘坐"神舟"五号第一次载人太空飞行恰好10年。至此，加上"神舟"十号飞船搭载的三名航天员，我国共计有10名航天员进入太空。这些巧合，不得不令人赞叹这是一次"十全十美"的发射。

从"神舟"五号到"神舟"九号的飞行任务都是为了验证飞船自身及相关技术的试验性飞行，突破以载人飞行、多人多天飞行、航天员出舱活动、交会对接、载人交会对接为主的多项关键技术。而这次"神舟"十号载人飞船的任务不再是试验性，而是执行空天往返运输的飞行任务，为"天宫"一号空间实验室运送航天员和所需的物资，航天员在轨开展一系列的科研与教学工作。所以，"神舟"十号飞行任务最大的特色就是"应用"，这标志着我国航天向着空间环境开发与应用迈出了重要的一步。

👆 人们欢送"神舟"十号航天员王亚平(左)、张晓光(中)、聂海胜(右)出征太空

执行"神舟"十号飞行任务的航天员是聂海胜、张晓光和王亚平。聂海胜这次是第二次进入太空，经验丰富；张晓光是我国选拔的第一批航天员之一；王亚平是我国选拔的第一批两名女航天员中的一员。

此次航天员乘组延续了"神舟"九号任务中采用的新老搭配、男女组合的形式，以便充分发挥乘组中每个人的特长和优势。两名男航天员互为备份，他们均具有飞船驾驶、手动交会对接以及应急情况下的处置能力，女航天员王亚平也具备手动交会对接的能力。另外，此次飞行任务中她还担负太空授课的任务。

自 2012 年 6 月 29 日 "神舟"九号飞船返回地面后，"天宫"一号即转入长期无人在轨运行状态。在这一年的时间里，"天宫"一号完成了在轨维持、有害气体检测、设备巡检和定期状态评估等工作；开展了电解制氧试验、空间物理与环境探测和空间材料实验等；在国土资源普查、林业、海洋、城市环境检测等领域开展了对地遥感应用，取得了大量有价值的信息和成果。

2013 年 6 月 13 日 10 时 48 分，在北京航天飞行控制中心的科技人员精确控制下，"神舟"十号飞船经过多次变轨转入自主控制状态，以自主导引控制方式向"天宫"一号逐步靠近。在飞控中心就对接准备状态进行最终确认后,"神舟"十号飞船沿直线缓缓向"天宫"一号目标飞行器靠拢。13 时 11 分,"神舟"十号与"天宫"一号对接环接触,13 时 18 分,在按程序顺利完成一系列技术动作后,对接机构锁紧,两个飞行器连接形成组合体。搭载着 3 名航天员的"神舟"十号飞船与"天宫"一号目标飞行器成功实现自动交会对接。

这是"天宫"一号自 2011 年 9 月发射入轨以来,第五次与"神舟"飞船成功实现交会对接。

🔺 "神舟"十号发射现场

在完成一系列准备工作后,3 名航天员进入"神舟"十号飞船轨道舱,脱下舱内航天服,换上蓝色工作服。经地面科研人员对"天宫"一号目标飞行器舱内环境进行检查确认,北京航天飞行控制中心向航天员下达了进入"天宫"一号的指令。16 时 17 分,在张晓光的协助下,聂海胜顺利开启"天宫"一号舱门,随后,3 名航天员依次进入"天宫"一号,通过安装在舱内的摄像机镜头向地面科研人员挥手致意。

6 月 14 日上午,北京航天飞行控制中心向航天员下达了开展"天宫"一号内装饰材料更换试验的指令。航天员聂海胜、张晓光、王亚平身着蓝色工作服,在地面科研人员的支持下,按照工作计划,互相配合、密切协作,拆除"天宫"一号原先铺设的软质地面材料,更换上硬质地板和新的限位装置。据介绍,更换硬质地板,更加有利于航天员在失重条件下保持身体稳定,将为航天员在太空工作生活创造更加方便、舒适的条件,同时也为未来空间站航天员在轨维修航天器积累经验。

6 月 20 日上午,中国首次太空授课活动成功举行,"神舟"十号航天员在"天宫"一号展示了失重环境下的物理现象。太空授课的主讲人为女航天员王亚平。聂海胜辅助授课,张晓光担任摄像师。在大约 40 分钟的授课中,航天员通过质量测量、单摆运动、陀螺运动、水膜和水球等 5 个基础物理实验,展示了失重环境下物体运动特性、液体

⬆ 奇怪！为什么陀螺会神奇地旋转

⬆ 水膜变成一个大水球

表面张力特性等物理现象。他们讲解了实验背后的物理原理，并通过视频通话与地面课堂师生进行互动交流。地面课堂设在北京市海淀区的中国人民大学附属中学，现场有330余名中小学生参加了地面课堂活动，全国8万余所中学的6 000余万名师生通过电视直播同步收看。

6月25日凌晨，航天员开始撤收放置在"天宫"一号舱内的试验装置和重要物品。撤收完毕，3名航天员站成一列，通过语音和手语同时向地面科技人员和关心支持航天事业的人们表达他们的感谢和敬意。随后，3名航天员依次回到"神舟"十号飞船，5时07分，航天员关闭"天宫"一号舱门，告别"天宫"一号。临别前，"神舟"十号飞船绕飞至"天宫"一号后方，在地面科技人员的精确控制下，"神舟"十号转为正飞姿态，"天宫"一号转为倒飞姿态，再次进行了一次近距离的空间交会。

6月26日8点07分，在经过15天太空飞行后，"神舟"十号载人飞船返回舱安全降落在内蒙古自治区四子王旗的主着陆场。航天员聂海胜、王亚平、张晓光先后出舱，"天宫"一号与"神舟"十号载人飞行任务取得圆满成功。

至此，"神舟"飞船十次飞行任务连战连捷，为我国载人航天工程第二步第一阶段任务画上了圆满的句号，也为后续载人航天空间站的建设奠定了良好的基础。

6.4 "天宫"二号与"神舟"十一号

"神舟"十号返回之后,"天宫"一号并未结束自己的"职业生涯"。为了充分发挥"天宫"一号的综合效益,在考虑航天器自身的状态与设备功能后,航天科技人员为其制定了新的飞行任务规划,精心运营维护、严密实施监控,先后开展了多项拓展技术试验与验证。直到2016年3月16日,"天宫"一号目标飞行器已超期服役两年半的时间,终于到了"光荣退休"的时候,正式终止数据传输,完成了其历史使命。

从2005年"神舟"六号载人飞船发射以来,我国航天以每三年一个跃进的速度不断向新的高度发起挑战。2016年9月15日22时04分12秒,"天宫"二号空间实验室在酒泉载人航天发射场成功发射。仅一个月之后,2016年10月17日7时30分,"神舟"十一号飞船搭载两名航天员景海鹏和陈冬飞赴太空,开展了我国第六次载

🔵 "神舟"十一号飞船

人航天飞行任务,而且又创造了一个中国航天新纪录——在轨飞行长达33天,这是迄今我国持续时间最长的一次载人航天飞行。

"天宫"二号原本是"天宫"一号目标飞行器的备份,主飞行器试验成功、备份飞行器也不浪费,可进一步用于新的技术研发与验证试验,达到超乎预期的研制结果。这种具有中国特色的航天研制规划,在我国"嫦娥"探月工程中也有充分的体现。

由于"天宫"一号的表现非常出色,因此航天科技人员决定对"天宫"二号进行必要的适应性改装,让它正式担当起"空间实验室"的任

务。而之前的"天宫"一号最主要的任务是作为交会对接试验的目标飞行器，并非真正意义上的空间实验室。这一次，我们要用"天宫"二号作为我国未来空间站的雏形，开展进一步的相关研究工作。

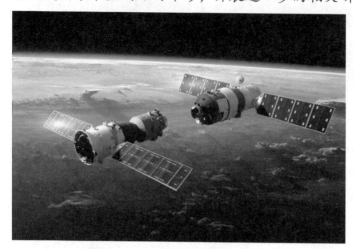

"神舟"十一号与"天宫"二号即将对接

"天宫"一号与飞船对接时的轨道高度为343千米，为了验证空间站技术，"天宫"二号与飞船的对接轨道高度设定为393千米，这与我国未来空间站的运行轨道高度基本相同。"天宫"二号是我国第一个真正意义上的空间实验室，全长10.4米，最大直径3.35米，太阳帆板翼展长度约为18.4米，重8.6吨，仍采用实验舱与资源舱的两舱构型。

2015年，俄罗斯航天员根纳迪·帕达尔卡打破了已保持10年之久的太空最长居住时间，达到了804天；加上之前的太空飞行，他总共在国际空间站逗留了879天！人在太空失重环境下长时间停留，会对人体造成什么样的影响，这是人类未来星际航行中要面对和解决的一个重大问题。"神舟"十一号载人飞船搭载的两名航天员景海鹏、陈冬将向长期空间生活发起新的挑战。

"天宫"二号与"天宫"一号在外形、结构、尺寸、质量上基本一致，但"天宫"二号要迎来两名航天员在太空生活工作一个月的时间。因此，内部做了很多改装工作，使居住环境更加宜居、更加温馨。

"天宫"二号上首次使用了可展开的多功能小平台，航天员可以在上面写字、吃饭、做科学实验，工作生活两不误；通信方面，为航天员配备了蓝牙耳机和蓝牙音响；用地板取代了地毯，避免有"一踩一个坑"的感觉；舱内灯光采用米黄色色调，亮度可手动调节，并为每名航天员安装了床前灯；锻炼器材方面，除有动感单车外，还增加了跑台。多功能小平台和跑台采用了折叠方式进行收纳，最大程度地节省空间。借助天地链路，通过地面数据转换，航天员在轨时可以与地面实现视频互动，还能在轨阅读电子书或期刊。值得一提的是，在"天宫"二号的睡眠区里，设计师们专门增加了"云插座"，可供航天员与家人进行私密通话。

"神舟"十一号航天员陈冬

"天宫"二号通过采取设备分区安装、增设吸能装置、优化消声装置等方法，把航天员工作区和生活区的噪声控制在了50分贝这一适宜的程度。"天宫"二号所携带的热控系统，可将密封舱的空气温度控制在22~24℃，相对湿度控制在45%~55%——这一人体感觉最舒适的环境。科研人员为"天宫"二号漆上了不同的颜色，四周的墙面选择了明亮的米白色，底部选择了深灰色，工作台等面板采用了天蓝色，这样便于航天员在太空失重的环境下，建立"天地"的空间感。

空间机械臂可以辅助或替代航天员完成在轨装配、在轨维修、燃料加注、轨道清理、航天器巡检等工作，可大幅度降低航天员出舱活动的风险，提高空间活动的效率。

我国在迈向空间站建设的过程中，也立项开展了空间站远程机械臂系统的研制工作，"天宫"二号就担负了我国首次空间机械臂的试验任务。

"天宫"二号机械臂系统随"天宫"二号空间实验室发射入轨。2016年10月19日凌晨3时31分，"神舟"十一号飞船与"天宫"二号空间实验室成功对接，在2016年10月27日到11月13日期间，航天员与机械臂系统协同开展了动力学参数辨识、抓飘浮物体、与航天员握手、在轨维修等试验，成功完成了所有预定任务。在空间机器人动力学、在轨精细操作以及人机协同技术等方面积累了大量宝贵的经验和数据。

"天宫"二号上还搭载了全新配套的空间应用系统的科学设备，而且无论在数量上还是安装复杂程度上，都创造了我国历次载人航天器任务之最。它搭载了14项600千克重的应用载荷，开展了60余项空间科学实验和技术试验，圆满完成了各项既定任务，取得了一大批具有国际领

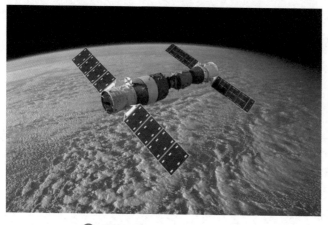

 "神舟"十一号与"天宫"二号对接

先水平和重大应用效益的成果。

2016年11月18日13时59分,"神舟"十一号飞船返回舱在内蒙古中部预定区域成功着陆。执行此次飞行任务的航天员景海鹏、陈冬在驻留"天宫"二号的30多天里身体状态良好,圆满完成了各项在轨科学实验任务,为我国进一步开展空间站长期有人值守积累了宝贵的经验。

至此,景海鹏也成为迄今我国唯一三次参加太空飞行任务的航天员。

6.5 太空速递:"天舟"一号货运飞船

通过载人航天工程第一步和第二步第一阶段的实施,我国已初步建成了功能完备的"神舟"载人飞船天地往返运输系统,能够满足今后空间站在轨运行期间人员的往返运送任务需求。但在空间站建设和运营阶段,还存在大量货物运输以及推进剂在轨补给的要求。因此,按照我国载人航天工程三步走的发展战略,第二步第二个阶段的收官之作就是发射一艘货运飞船,并开展一系列的试验研究,为第三步空间站建造和运营做好技术经验的积累。

1978年1月20日,苏联发射了第一艘"进步"号货运飞船,在美国航天飞机退役后,国际空间站的物资补给主要就是靠俄罗斯的"进步"

号货运飞船提供。同时，欧洲、日本以及美国也积极开发自己的货运飞船。2008 年 3 月 9 日，欧洲发射了第一艘自动转移飞行器（ATV）。2009年 9 月 11 日，日本转移飞行器（HTV）成功首飞。美国则借助美国宇航局（NASA）商业轨道运输计划（COTS）和商业乘员发展计划（CCDev），支持私营航天企业美国太空探索技术公司（SpaceX）和轨道科学公司先后发射了"龙"飞船和"天鹅座"货运飞船。

2011 年，原总装备部载人航天工程办公室依据中央专委批准的《载人空间站工程实施方案》，提出了《货运飞船立项综合论证技术要求》，由中国空间技术研究院牵头开展货运飞船方案的论

"进步"号货运飞船侧面

证工作。次年，我国货运飞船的研制项目正式立项；2013 年 4 月，货运飞船完成总体方案设计；2014 年 8 月，进入正样研制阶段；2017 年 1月，我国第一艘货运飞船"天舟"一号顺利通过出厂评审；2017 年 2 月13 日，"天舟"一号经海路顺利运抵海南文昌航天发射场。

"天舟"一号的发射与之前的"神舟"系列载人飞船以及"天宫"一号和"天宫"二号的发射有所不同，一是由我国酒泉载人航天发射场转到了位于我国海南文昌的航天发射场；二是发射"天舟"一号的运载火箭是我国新研制的"长征"七号运载火箭，这是我国载人航天工程为发射货运飞船而全新研制的新一代中型运载火箭。

虽说这是一款新型的运载火箭，但却与我国载人航天发射一直以来使用的"长征-2F"运载火箭有着密切的联系。由于"长征-2F"运载火箭采用的是四氧化二氮/偏二甲肼作为推进剂，这种有毒的推进剂已不适应未来载人航天发射的需要，因此，新型运载火箭开展了换发液氧煤油发动机的改型研制。在利用"长征-2F"运载火箭成熟技术的基础上，又

"龙"飞船俯视地球

运用了大量的新技术，因此被赋予了一个新的火箭序列编号"长征"七号。

"长征"七号采用"两级半"构型，箭体总长53.1米，芯级直径3.35米，捆绑了4个直径2.25米的助推器。近地轨道运载能力不低于14吨。按计划，"长征"七号各项技术趋于成熟稳定后，将逐步替代现有的"长征"二号、三号和四号系列运载火箭，未来将承担我国80%左右的发射任务。

中国第一艘货运飞船——"天舟"一号

"天舟"一号为全封闭货运飞船，采用两舱结构，由货物舱和推进舱组成。飞船全长10.6米，最大直径3.35米，起飞质量约13吨，物资运输能力约为6.5吨。"天舟"一号也是目前我国研制的体积最大、质量最重的航天器，个头不仅比"神舟"载人飞船要大，也比"天宫"二号空间实验室还要大。

2017年4月20日19时41分35秒，"天舟"一号货运飞船在我国海南文昌航天发射场由"长征"七号运载火箭发射升空，并于4月22日与"天宫"二号顺利完成了自动交会对接。

决定航天器在轨运行寿命的一个关键因素就是其所携带的推进剂的量，一旦推进剂耗尽，无论是卫星还是空间站都将无法再进行姿态调节和轨道维持调节，并最终会在地球引力的作用下，坠入地球大气层。此次"天舟"一号太空之行的一项重要任务就是为"天宫"二号进行推进剂的在轨补给，通俗点说就是进行"太空加油"。

4月27日19时07分，"天舟"一号货运飞船与"天宫"二号空间实验室成功完成首次推进剂在轨补加试验，标志着"天舟"一号的首次飞行任务取得成功。6月15日，"天舟"一号货运飞船与"天宫"二号空间实验室再次完成了推进剂的在轨补加试验，进一步验证了这一关键技术的可靠性。此时，两个航天器构成的组合体已在轨稳定运行了54天。

2017年6月19日9时37分，在地面飞控中心的指挥下，"天舟"一号开始进行绕飞试验。地面首先发送分离指令，对接机构解锁，两个航天器分离。"天舟"一号按程序逐步撤退到"天宫"二号后方5千米位置，并保持了90分钟。地面确认航天器状态正常后，发送指令控制"天舟"一号开始绕飞，从后方5千米绕飞到"天宫"二号前方5千米处。

目前，单次运输能力最大的货运飞船是欧洲的ATV，达到了7.67吨。虽然我国的"天舟"一号的运输能力尚不及ATV，但我国"天舟"货运飞船采用了轻量化的设计，上行货重比（即上行能力与发射质量的比值）达到了0.48，是目前世界上现役货运飞船中最高的。

在此期间，"天舟"一号完成了偏航180°转倒飞，"天宫"二号完成了偏航180°转正飞。绕飞试验完成后，"天舟"一号与"天宫"二号开始第二次交会对接试验。"天舟"一

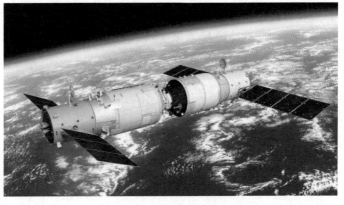

"天舟"一号与"天宫"二号对接

号离开前方5千米停泊点，逐步接近至前向30米，之后与"天宫"二号对接机构接触，于14时55分完成与"天宫"二号的第二次交会对接试验。这一试验巩固了我国掌握的航天器多方位空间交会对接技术的能力，对于后续空间站建设具有重要意义。

2017年8月1日15时03分，"天舟"一号货运飞船成功在轨释放了一颗立方体卫星"丝路"一号。这是一枚科学实验卫星，为标准的3U结构，通过卫星在轨部署发射器发射，这也是首次采用非火工品发射卫

星，开辟了一条卫星在轨发射的新途径。

2017 年 9 月 16 日 20 时 17 分，"天舟"一号与"天宫"二号在临别前还进行了第三次的推进剂在轨补加试验，进一步巩固了此行的重要使命。9 月 17 日 16 时 15 分，在经历近 5 个月的相伴飞行后，"天舟"一号货运飞船与"天宫"二号空间实验室完成分离。

5 天后，"天舟"一号受控离轨后再入大气层，陨落到南太平洋，这位"太空快递小哥"圆满完成了此次太空之旅的使命。

一年之后，2018 年 9 月，"天宫"二号已圆满完成了两年的在轨飞行和各项试验任务。此时的"天宫"二号，总体结构及装载的应用载荷功能正常、状态良好。为了进一步发挥其空间研究的效益，"天宫"二号空间实验室运营管理委员会研究决定，"天宫"二号继续在轨运行至 2019 年 7 月，之后按计划受控离轨。

2019 年 7 月 19 日 21 时 06 分，"天宫"二号空间实验室按照计划程序受控离轨，并再入大气层，少量残骸落入南太平洋预定安全海域。

"天宫"二号在轨运行共计 2 年零 10 个月，大大超过了其两年的在轨寿命，且依旧保持着良好的状态。

对于"天宫"二号的光荣"陨落"，我们难说再见，只想期待能够早日建成规模更大、运营时间更长的空间站。

至此，我国载人航天工程的第二步目标圆满实现、完美收官，下一步就是正式的空间站建设，并开展长期有人值守的空间站运营。

中国人正一步一个脚印，迈向属于自己的太空家园——空间站。

第7章

天英雄成长之路

>>>

7.1 大海边走来的航天员——杨利伟

　　1988年，第一位登上月球的美国宇航员阿姆斯特朗访华，在交流报告会上他有这样一段开场白："人类最早产生飞天梦想的是一位美丽的中国姑娘，而人类最先登上月球的是一个美国人。这位美丽的中国姑娘是嫦娥，这个美国人就是我。"这段话不乏幽默和风趣，但在中国航天人听来却别有一番滋味在心头。

　　我们中华民族是最早产生飞天梦想的伟大民族，嫦娥奔月的神话故事家喻户晓，敦煌飞天的艺术形象美妙绝伦，明代万户在人类历史上第一次进行了火箭升空试验……但近代以来，我们却远远地落后了。1961年苏联人已进入太空，1969年美国人已登上月球，而时间已经到了20世纪末，我们中国人飞天的梦想什么时候才能实现呢?

　　2003年，航天员杨利伟乘坐"神舟"五号载人飞船首飞成功，成为中国"飞天第一人"，终于实现了中华民族千年来的飞天梦。

　　杨利伟，1965年6月出生于辽宁省绥中县的一个普通职工家庭，像许多普通中国家庭的父母对子女的要求一样，杨利伟父母常对他说的是"踏踏实实办事，老老实实做人"。幼时的杨利伟聪明好学，对外界的事物也充满好奇。一次，他和一个小伙伴发现附近的机场上停着很多架飞机，这里是海军的航空兵机场，门口有哨兵把守，还竖立着"军事禁区"的大牌子。但在好奇心的驱使

　　20世纪80年代以来，共有四位美国华裔成为宇航员进入了太空，他们分别是王赣骏、张福林、焦立中、卢杰。不可否认，他们也是我们中国人的骄傲，是美国华裔中的佼佼者，也为人类的航天事业做出了杰出的贡献。但他们能够进入太空依靠的是美国的航天技术，并不代表我们中国人当时有能力实现载人太空飞行。

下，杨利伟和小伙伴竟偷偷掀开铁丝网钻进了机场。正当两个小不点儿兴奋地打量着这些飞机时，哨兵早已悄悄地走到了他俩身旁，吓得两个小孩不知道如何是好。但杨利伟很快冷静下来并镇定地跟哨兵解释："我们不是搞破坏的，只是想看飞机。我们长大了，也要像你这样，守着这么多飞机，多好！"

小学毕业时杨利伟以优异的成绩考进了县重点中学尖子班，还多次在全县的中学生数学竞赛中拿过奖。杨利伟的学习成绩很优秀，1983年高考时，本可以报考不错的大学，但带着幼年时飞行的梦想，杨利伟毅然选择了报考空军飞行员，并通过了严格的"选飞"，进入空军第八飞行学院，成为一名光荣的歼击机飞行学员。

当时的空军第八飞行学院地处新疆，是我军培养歼击机飞行员的摇篮。成为一名飞行学员是光荣的，但学习飞行的过程又是异常艰辛的。飞行理论的课程多达十几门，杨利伟一进入军校，就以一种不学则已、学就学精的态度要求自己。课上他认真听教员讲解，课下大部分时间也都放在了学习上，并主动和教员进行交流，探讨一些飞行理论问题。

在体能训练上，杨利伟也不甘落后。在每周的万米长跑中，最初他总是在40来名，通过不断的刻苦训练与坚持，在临近结业的万米比赛中，成为第一个跑到终点的学员。体育教员评价杨利伟"个头小、志气大；体力不算最强，但毅力却最棒"。到了实际飞行训练阶段，杨利伟训练刻苦，很快就成了部队的技术尖子，每次换机种学习，放单飞时他都是第一个上。这与他平时爱琢磨、反复揣摩练习是密不可分的。丰富的飞行经验、出色的飞行技术，为杨利伟日后成为航天员奠定了坚实的基础。

空军飞行员时的杨利伟

20世纪90年代初，杨利伟所在的部队在精简整编中被撤销，不少战友都改了行，一些亲朋好友也劝杨利伟：当飞行员风险大，不如趁机换一份工作。然而，杨利伟向组织递交的是一份申请继续飞行的决心书，1992年，杨利伟被调到成都空军某部继续从事飞行员工作。

航天员的学习不亚于又读了一次大学。在基础理论学习阶段，仅一本《载人航天工程基础》教材，就有 16 开大小，厚达 600 页，全书 18 章，内容包括载人航天各个方面的知识。很多与航天相关的知识都是当飞行员时没有接触过的，对杨利伟来说确实有些深奥。

1998 年，杨利伟在数千名空军飞行员中脱颖而出，与其他新入选的 13 名预备航天员一同进入北京航天员训练中心，开始了成为一名航天员的学习与训练。

航天员的学习非常辛苦。杨利伟回忆说，在航天员训练中心学习的最初三年，他没有在晚上 12 点之前睡过觉。就靠这种毅力，基础理论学习这个最艰难的阶段他终于闯了过来，而且获得了全优的成绩。

在模拟飞行训练阶段，航天员要熟记每一步的操作，他们称之为"走程序"。在航天员公寓的宿舍里，墙上贴满了飞船舱内各种仪表、按钮的图标，在日常生活的每一个间隙都不忘看一眼、记一下，以至于达到了"闭着眼睛也能操作"的熟悉程度。杨利伟曾说："我现在只要一闭上眼睛，眼前立马会呈现出一幅清晰的舱内景象，什么按钮在什么位置、什么形状、什么颜色，都记住了。甚至连哪个按钮上被手指磨出的发亮痕迹也都印在我脑子里了。"

2003 年 9 月初，根据"强中选强，好中选好"的原则，我国载人航天总指挥部的专家评委们以无记名投票的方式，选出了 3 人作为我国第一次载人航天飞行航天员梯队：杨利伟、翟志刚、聂海胜。临近"神舟"五号发射前两天，最终确定由杨利伟担任首飞任务。

10 月 15 日凌晨 5 时 30 分，整装待发的杨利伟向中国载人航天工程总指挥李继耐请示出征："总指挥同志，我奉命执行中国首次载人航天飞行任务，准备完毕，待命出征，请指示！"

"出发！"李继耐庄重地下达了命令，杨利伟带着军人坚毅的决心，乘车向火箭发射塔驶去。

众所周知，"神舟"五号载人飞船飞行任务取得了圆满的成功，但作为我国第一次载人航天发射，无论是运载火箭还是载人飞船，都存在一些不完善的地方。

杨利伟回忆说："就在火箭上升到三四十千米的高度时，火箭和飞船开始急剧抖动，产生共振。人体对 10 赫兹以下的低频振动非常敏感，它会让人的内脏产生共振。而这时不单单是低频振动的问题，这个新的振动要叠加在大约 6g 的一个负荷上。"这种振动和超重过载叠加的状态是地面所无法模拟的，航天员第一次遭遇这种情况，五脏六腑都似乎要被振碎了。

在返回时，杨利伟在座舱内看到飞船与大气摩擦产生的高温将舷窗外面烧得一片通红，更可怕的是右边舷窗竟然出现了裂纹，很快左边的舷窗也出现了裂纹。后来通过航天技术人员的分析才得知，烧裂的并不是舷窗玻璃，而是玻璃外面的一层防烧涂层。

由于以前的无人飞船飞行试验中舷窗都被烧得黑漆漆的，从外面看不出来，谁都不会想到会有这种情况发生，而杨利伟这次是坐在飞船里亲眼看见了舷窗防烧涂层裂纹的出现。

正是有了杨利伟的第一次载人航天飞行，才让我们的航天技术人员发现之前在地面无论如何也发现不了、也想不到的诸多问题，从而在后续的运载火箭和载人飞船设计中加以改进，解决了存在的问题，让我们后来的航天员升空、返回，以及在轨工作、生活更加地舒适。

国家和人民乃至世界航天领域都不会忘记杨利伟为我国和人类航天事业所做出的贡献。2003 年 11 月 07 日，杨利伟在人民大会堂被授予"航天英雄"的称号，并荣获"感动中国 2003 年度十大人物"的荣誉称号。2005 年 3 月 16 日，编号为 21064 的一颗小行星被命名为"杨利伟"星。2014 年，太空探索者协会授予杨利伟"列昂诺夫奖"。列昂诺夫是苏联第一位开展出舱活动的航天员，这一奖项是专门授予对人类航天事业有过杰出贡献的航天员的。

一次，在回答《解放军报》记者提问时，杨利伟曾答道："作为一名航天员，我首先是一名共和国的军人。我会发扬我们军队的光荣传统和大无畏的革命精神，为军旗增彩！"

我们也为这样的中国军人喝彩！

7.2 蛟龙出海——"神六"双雄费俊龙、聂海胜

2005 年 10 月 12 日上午 9 时，"神舟"六号载人飞船成功发射，费俊龙、聂海胜成为继杨利伟之后第二批进入太空的中国航天员。这是我

🎧 费俊龙、聂海胜准备出征

国首次多人多天的航天飞行，并开展了多项在轨空间实验，此次飞行是我国载人航天工程承前启后的关键一步。从出发等待、舱内检查待命，到发射成功、太空生活和工作，亿万观众通过央视的直播目睹了航天员费俊龙、聂海胜二人的从容镇定，以及对完成飞行任务的信心。

航天员费俊龙是江苏昆山人，出生于 1965 年 5 月。1982 年，正准备高考的费俊龙赶上了空军来学校招收飞行员，费俊龙决定自己设计自己的人生，便瞒着家里人悄悄报名参加了体检。体检中，眼底检查瞳孔被放大，他怕被家里人看出来，戴着墨镜回了家，真是"此地无银三百两"，这个小秘密很快就被家里人发现了。

费俊龙在家里是独苗，而且费家三代单传，他要参军而且是当飞行员，首先就遭到了爷爷的反对。但看着心意已决的儿子，费俊龙的父亲沉默不语，第二天才终于开口对儿子说："既然你自己选择了，以后就不要后悔，干得好才对得起你的选择。"

费俊龙如愿走进了空军长春航校，对于做飞行员的选择，他没有后悔过。在四年的航校学习生活中，他的学习训练成绩一直都很优秀，每个科目都是第一个"放单飞"。毕业时，费俊龙由于成绩全优，被留校任教。在教员这个岗位上，费俊龙飞出了难能可贵的安全飞行 1 599 小时

的骄人成绩，荣立二等功。由于在重大空中险情的处理中沉着冷静，处置得当，使他在 32 岁那年就成为空军的特级飞行员。

1996 年，费俊龙报名参加了预备航天员的选拔，虽然那时候他还是第一次听到"航天员"这三个字，但他知道这是一个神圣的使命，会飞得更高更远。费俊龙在被选为航天员之后，母亲弄不清航天员和飞行员的区别，他骄傲地解释说："还是飞，不过要比在空军时飞得更高。"

航天员聂海胜 1964 年 9 月出生于湖北的偏僻乡村，家境贫寒，姐弟八人中他排行第六。聂海胜 14 岁时，由于父亲病逝、弟弟尚年幼，作为家里唯一的男劳力，不得不辍学去挣钱贴补家用。幸好学校的老师劝说聂海胜的母亲，不要让这个学习的好苗子退学，并考虑到聂家的困难，学校每个月给聂海胜发放 3 元救济金，帮他渡过难关。聂海胜没有辜负老师和学校的期望，刻苦学习，考上了县重点高中。

聂海胜说自己小时候曾是放牛娃，"在牛背上梦见过自己长出一双大大的翅膀，飞上了蓝天"。1984 年，高中毕业的他终于实现了这个梦想——他考入了空军长春飞行学院。但现实中的飞行并不如梦想中的浪漫。1989 年 6 月 12 日，聂海胜第一次驾驶战斗机单独飞行就面临了生死考验。在飞向 4 000 多米高空时，飞机的发动机突然停止工作，飞行高度急速下降。地面指挥员命令他紧急跳伞，但聂海胜一次又一次冒险尝试将飞机安全着陆，直到距离地面只有四五百米高度时，才按下弹射座椅的开关。事后查明，事故是由于发动机故障所致。与死神擦肩而过，无论是对飞行员的身体还是心理都是一次极大的磨炼，但在事故发生 27 天后，聂海胜又重返蓝天。为表彰聂海胜尽力挽救飞机的勇敢精神，部队为他记三等功，不久就从一名普通飞行员晋升为飞行副中队长。

成为空军的战斗机飞行员时，聂海胜认为是梦想成真了，但没想到圆梦的时刻在多年后才真正到来，而且是飞得更高的航天梦。聂海胜在"神舟"五号载人飞行任务中，曾与杨利伟、翟志刚一同被选为第

⊙ 费俊龙、聂海胜在模拟训练

一梯队的人选，也是一名优秀的航天员，虽与成为"飞天第一人"失之交臂，但他仍不放弃，坚持训练。他说："新的飞天目标需要我们去超越，自己丝毫不敢懈怠。"

费俊龙和聂海胜经过多年的航天员训练，完成了基础理论学习、航天环境适应性训练、专业技术训练等8大类几十个科目的学习和训练任务，以优异的成绩通过了航天员专业技术综合考核。2005年10月11日，经飞行任务总指挥部认真研究，从进入发射场的三组航天员乘组梯队中优选，确定由费俊龙、聂海胜执行"神舟"六号飞行任务。航天员费俊龙、聂海胜沉着冷静、精心操作，圆满完成了这一光荣而又神圣的使命，为我国航天事业写下了辉煌的一页。

2005年11月26日，在北京人民大会堂，由中共中央、国务院举行的庆祝"神舟"六号载人航天飞行圆满成功大会上，费俊龙、聂海胜被授于"英雄航天员"荣誉称号，并荣获"航天功勋奖章"。

7.3 最默契的天团组合——翟志刚、刘伯明、景海鹏

"神舟"七号航天员翟志刚、刘伯明、景海鹏（左→右）

"神舟"载人飞船设计可搭乘三名航天员，"神舟"七号载人航天飞行任务首次实现了"满员"太空飞行。多人多天的航天乘组飞行更加考验乘员之间的默契和相互协同能力。在"神舟"七号飞行中，翟志刚担任指令长，并执行出舱任务，对于翟志刚而言，这是等待了两次才有的太空飞行机会。在"神舟"五号和"神舟"六号载人航天飞行任务中，翟志刚都是作为航天员梯队备份航天员的身份参与任务，为

飞行任务的圆满完成付出了与最终执行飞行任务的航天员们同样的努力与代价，而"神舟"七号终于圆了翟志刚的飞天梦想。

翟志刚生于1966年10月，黑龙江龙江县人。1985年6月入伍，1989年毕业于空军第三飞行学院，曾任空军航空兵战斗机飞行员，安全飞行950小时，被评为空军一级飞行员。1998年正式成为我国首批航天员，2003年入选我国首次载人航天飞行航天员梯队，2005年入选"神舟"六号载人航天飞行乘组梯队乘员。

航天员培训中心的同事们都说翟志刚是"动静皆宜"的一个人，需静时，他能安静下来，研习书法，而且钻研得还挺深；需动时，他又能把有名的小品模仿得惟妙惟肖，交谊舞也跳得有模有样。他还是个能工巧匠，家里日常的安装、修理什么的，他都能很快就把问题解决掉。翟志刚还爱好电动玩具，每次给儿子买回电动玩具，他都要自己先玩个痛快，再教儿子怎么玩。

翟志刚是个充满自信而且沉稳的人。在"神舟"七号载人飞船执行出舱任务的过程中，先是遇到了气闸舱门难以开启的问题，后又遇到了轨道舱虚报"火警"的问题，他都沉着应对，丝毫没有因为出现的意外情况而慌张，最终成功完成了我国首次太空出舱任务，成为我国太空漫步第一人，这个第一也算是弥补了前两次与太空飞行失之交臂的遗憾。

刘伯明也是黑龙江人，生于1966年9月，1985年6月入伍，曾任空军航空兵某师飞行中队队长，安全飞行1050小时，被评为空军一级飞行员。1998年正式成为我国首批航天员。2005年，与翟志刚一同入选"神舟"六号载人航天飞行乘组梯队。

刘伯明在同事中的外号是"小诸葛"，除了学习成绩好，凡是动脑筋的事情他都爱参与。无论是当飞行员还是航天员，每回智力竞赛他都不落后。

刘伯明对自己执行航天飞行任务也是充满了信心，他说："我准备得不比阿姆斯特朗差，我应该超过他。他给人类带来过惊喜，我也要给全人类带来惊喜。"

在"神舟"七号载人飞船执行出舱任务中，他穿着舱外航天服，在轨道舱协助并接应翟志刚的出舱活动。在轨道舱出现虚报的"火警"

后，刘伯明很快确认舱门并无火点，之后继续冷静地协助翟志刚进行出舱。很快地面飞控中心听到了两位航天员从太空传来的充满英雄气概的对话：

刘伯明：坚持，反正任务我们继续。

翟志刚：明白。

刘伯明：着火我们也来不及了，不管了。

翟志刚：成。

就这样，在翟志刚、刘伯明两位航天员的默契配合下，翟志刚顺利完成了我国首次航天员出舱活动。

景海鹏，山西运城人，生于 1966 年 10 月。1985 年 6 月入伍，曾任空军航空兵某师领航主任，安全飞行 1 200 小时，被评为空军一级飞行员。1998 年正式成为我国首批航天员，2005 年也曾入选"神舟"六号载人航天飞行乘组梯队。

景海鹏虽然个子不高，但从小喜欢体育，尤其喜欢打篮球。他以一股子不服输的勇气，很快就成了中学篮球队的主力队员。后来参军到了部队，以及加入航天员团队，他都是主力队员，篮球场上的"钢铁前锋"。

景海鹏在"神舟"七号载人航天飞行任务中，执行留守返回舱的任务，在返回舱内辅助轨道舱内的翟志刚、刘伯明开展出舱活动。对于任务分工安排，景海鹏说："我们是亲密无间、生死与共的战友和最佳搭

🔊 航天员翟志刚(中)、刘伯明(右)和景海鹏在飞船内展示五星红旗

后来，景海鹏还执行了"神舟"九号和"神舟"十一号的载人航天飞行任务，特别是在"神舟"十一号任务中，与航天员陈冬在轨工作生活长达 33 天。景海鹏因三次升空成为我国迄今执行航天飞行任务最多、太空飞行时间最长的航天员。

档。我们各有分工，但1+1+1远远大于3。"

2008年11月7日，中共中央、国务院和中央军委在北京人民大会堂隆重举行了庆祝"神舟"七号载人航天飞行圆满成功大会，会上授予翟志刚同志"航天英雄"，刘伯明、景海鹏两位同志"英雄航天员"荣誉称号，并给他们三人颁发了"航天功勋奖章"。

 7.4 绽放在太空的玫瑰——女航天员刘洋、王亚平

2009年5月，我国启动了第二批航天员的选拔，候选对象依然是我国空军现役飞行员，不过这次特别包含了女航天员的选拔。最终，两名女飞行员从众多候选人中脱颖而出，成为我国第一批在太空中绽放美丽微笑的女航天员，她们就是刘洋和王亚平。

1978年10月，刘洋生于河南郑州一个普通的工人家庭。刘洋的爸爸对女儿有两个要求：必须得有文化，还要自立自强；妈妈对她要求更严更高。小时候并不宽裕的生活，造就了刘洋坚忍不拔的性格，使她有着常人难以比拟的上进心。

从小学到中学，刘洋都是那种"别人家的孩子"——学习刻苦，成绩一直名列前茅。小学、初中毕业时，都因成绩优异被保送。在学校，刘洋和同学们的关系也非常融洽，同学请教她问题，她都会耐心细致地解答，有时她还会被老师叫上讲台给同学们分析解题的思路。

刘洋不仅学习成绩好，而且身体素质非常出色，视力很好。如果不是因为机缘巧合，或许她会和其他女生一样，上一个不错的大学，然后读研究生，甚至读博士，成为公司白领、科研工作者或者高校教师。

恰好刘洋高三那年，空军第一次在郑州招收女飞行员，班主任老师觉得刘洋哪样都符合条件，而且认为当飞行员也是件好事，于是没跟刘历史应当感谢这位班主任老师的"武断",在无意间为我国输送了一名优秀的女飞行员,并在日后成为我国第一位女航天员,也是世界上第57位进入太空的女性。

刘洋处理问题果断沉稳。2003年9月的一天,刘洋驾机起飞,当她刚刚发出"收起落架"的口令,就听到"嘭"的一声,挡风玻璃瞬间布满裂痕,座舱内充满了焦糊的味道。刘洋凭直觉判断,飞机撞鸟了,此时飞机刚刚离地,失去动力的飞机极有可能会重重地摔到地面上。

在危急时刻,刘洋和机组人员密切配合,在能见度不高的情况下,采取了超常规紧急着陆的方法,11分钟后,飞机在跑道上迫降成功。下飞机检查后发现,飞机一共撞上了11只信鸽,有两只被吸进了发动机,如果当时处置不当,后果不堪设想。

美国女航天员桑德拉·马格努斯与中国首位女航天员刘洋交谈

洋商量,就替她报了名。1997年8月,刘洋以优异成绩考入空军长春飞行学院,成为一名女飞行员。

航校学习期间,刘洋依旧保持她中学时学习的劲头,付出了比别人多几倍的努力和汗水,最终以优异的成绩毕业,并进入空军航空兵某部,成为一名优秀的军用运输机飞行员。

2009年,在得知第二批航天员选拔中女性也有机会后,刘洋主动报名,一路过关斩将,2010年5月终于成为我国第二批航天员,也是我国首批女航天员。

航天员的训练超出了刘洋的想象,例如转椅的训练在飞行部队通常为4分钟,而航天员则长达15分钟,其中艰苦可想而知。刘洋咬牙坚持了下来,她说:"第一次挺了过去,第二次就好多了,后来就一次比一次顺利。"

经过两年多的训练,2012年3月,刘洋入选"神舟"九号乘组,负责空间医学实验的管理。她顺利完成太空飞行各项任务,同年获"三级航天功勋奖章"。

作为女性,刘洋有任务时,把任务作为生活的中心;闲暇在家时,

2013年9月,国际宇航大会在北京召开,参加过最后一次航天飞机飞行任务的美国女航天员桑德拉·马格努斯与我国女航天员刘洋在北京航空航天大学同台交流,这是历史上中美两国女航天员的首次对话。

➜ 王亚平出发执行"神舟"十号载人航天飞行任务

会全心全意地为家庭付出。

刘洋于 2015 年退役，后在清华大学获研究生学历、法学博士学位，并已顺利地当上了妈妈。2018 年 11 月，全国妇联第十二届执行委员会举行第一次全体会议，会上刘洋当选全国妇联副主席。

与刘洋同为我国首批女航天员的是王亚平。在"神舟"九号飞行任务中，她是备份航天员；在"神舟"十号飞行任务中，她成为绽放在太空的最美丽的一朵玫瑰。

王亚平 1980 年 1 月出生于山东烟台农村。王亚平的命运也是在偶然间被改变的。1997 年的一天，同学们和王亚平闲聊起来，有同学说空军正在烟台招女飞行员，大家就怂恿身体素质出众的王亚平去试一试。谁知起初并没抱多大希望的王亚平竟然一路顺利过关，飞行员选拔的体检总评结果为"优"。高考后不久她便收到了空军长春飞行学院的录取通知书。

经过四年的学习，王亚平以第二名的优异成绩毕业，并分配到了素有"女飞行员摇篮"之称的空军航空兵某部。作为一名优秀的女飞行员，王亚平能飞四种机型。九年间，王亚平安全飞行 1 600 小时，参加过多次战备演习、汶川地震救灾、北京奥运会消云减雨等重大

在周围邻居的印象中，王亚平从小就是一个"活泼开朗、永远不知疲倦的小姑娘"。据她母亲回忆，王亚平自幼身体素质出众，喜欢体育，耐力尤其好，特别擅长长跑，在中长跑项目上的成绩远超同龄人。在母亲眼里，王亚平还是个贴心的好闺女，"七八岁时就能帮家里干农活，种黄豆很麻利"。从小到大学习成绩数一数二，人缘也好，在班上还担任班干部，在同学中很有威信，性格乐观开朗，还喜欢跳舞，在文体活动中表现得也很活跃。

中央电视台直播航天员王亚平太空授课

任务。2010 年 5 月，经过层层选拔，王亚平与刘洋成为我国首批女航天员。

王亚平在"神舟"十号载人航天飞行任务中担任太空教师，成为我国第一位在太空中讲授物理知识的老师。为了太空授课取得最好的实验效果，王亚平和乘组在地面进行了多次的演练。2013 年 6 月 20 日，王亚平在指令长聂海胜和摄像师张晓光的协助下，完成了我国首次太空授课。

 7.5　不该被忘记的航天员教练——吴杰、李庆龙

在我国首批 14 名航天员中，有两位的身份特殊，他们既是历次载人航天飞行任务中预备待飞的航天员，也是培养航天员的教练员，他们就是吴杰和李庆龙。

早在 1996 年我国航天员大队正式成立之前，吴杰和战友李庆龙这两位有着双学士学位的空军优秀飞行员，就被提前选拔出来作为今后我国

加加林航天员训练中心又名"星城"，1960 年 1 月 11 日成立，位于莫斯科东北 30 多千米。这里交通便利，林密幽静，是训练航天的好地方。首批受训的 20 名航天员中包括加加林。1968 年，该中心开始以加加林的名字命名。

这里有模拟失重的巨型水池和空间站训练中心，苏联/俄罗斯所有的航天员都在这里进行过训练，包括中国在内的 20 多个国家的航天员也在这里接受过训练。

训练中心使用两台人体离心机训练航天员承受加速度的耐力。其中 18 米离心机的旋转手臂重 300 吨，最多可以产生 30 倍地球引力的超重环境。

航天员的教练员。当时考虑到我国尚缺乏系统培养航天员的能力，因此这两位航天员在经过 8 个月的俄语强化训练后，被送往俄罗斯加加林航天员训练中心接受航天飞行科目的训练。

　　吴杰出生于 1963 年 10 月，河南郑州人。自小随父母生活在军营，耳濡目染，从少年时代就向往翱翔于蓝天。1980 年，吴杰考上了西安空军工程大学，毕业后又在空军航校学习飞行两年，取得了双学士学位，实现了儿时的梦想，当上了空军飞行员。

🔊 航天员吴杰

　　李庆龙 1963 年出生于安徽定远。这里人杰地灵，英才辈出，也是一个与飞行有着不解之缘的地方：定远中学几乎每年都要为空军输送两三名飞行员，这在安徽省名列前茅，在全国也是少有的；在航天领域，我国载人航天工程副总设计师、着陆场系统总指挥等也是生于此地，或许将来会有更多的航天精英从这里走出来。李庆龙和吴杰一样，都是我国空军首批具有双学士学位的本科飞行员，都具有过硬的飞行素质和较高的文化水平，是空军飞行员中最为杰出的代表。

🔊 航天员李庆龙

　　在俄罗斯接受的航天员训练是异常严格与艰苦的。一次在北极圈的野外生存训练中，要求在 -50℃的低温中生存 48 个小时，所携带的只有很少的压缩饼干。在两天两夜的训练中，吴杰和李庆龙很少合眼，虽然感觉异常痛苦，但仍坚持了下来。在针对孤独感的心理隔绝训练中，一个人被封闭隔离在 10 平方米的小屋里，整整 3 天不能睡觉，还要按照训练程序 24 小时做规定工作内容——在这种极端环境条件下，心理容忍度低的人很难经过这一关，如果坚持不下来，这项训练就以失败告终。

　　但肩负国家载人航天事业发展重托的吴杰和李庆龙以常人难以想象的毅力通过了训练，并在一年时间里完成了四年的课程学习。临回国前，吴杰获得了"联盟"号飞船指令长证书，拥有这张证书意味着他有资格驾驶任何一艘"联盟"号飞船；主攻"太空行走"的李庆龙也以优异的成绩获得了"国际航天员"证书。

毫无疑问，从俄罗斯学成归来的吴杰和李庆龙是当时离飞天梦最近的两个中国人，对他们来说，执行载人航天飞行任务就是"蓄势待发"。但国家赋予了吴杰和李庆龙更为重要的使命——航天员教练员，自己培养我国的航天员队伍。同时，吴杰和李庆龙又以航天员的身份与其他12名航天员编入我国航天员大队，积极"备战"，时刻等待祖国的一声令下，随时准备义无反顾地飞向太空。

2003年7月，在我国首次载人航天飞行之前，航天员大队的14名航天员集体参加首飞任务选拔考核。评选结果是：14名航天员全部具备了独立执行航天飞行任务的能力，予以结业，并同时获得了三级航天员资格。这意味着中国第一代航天员正式产生，标志着中国成为继苏联/俄罗斯和美国之后，世界上第3个能够独立培养航天员的国家。而不该忘记的是，这14名航天员中，吴杰和李庆龙同时还是其他12名航天员的教练员。

"青出于蓝而胜于蓝"，这是我国自古以来对老师的要求，吴杰和

李庆龙培养出来的航天员也是一个比一个优秀。对于每次载人航天飞行任务，本着"优中选优，好中选好"的原则，每一位航天员都要被公正公平地加以考核与评估，形成执行飞行任务的航天员梯队和航天员乘组梯队，并在临飞前几天根据评估情况决定最终人选，这势必决定了每次飞行任务都会有落选的遗憾。

吴杰说："我们大部分是'60后'，经历过大变革，没有名利双收的功利心，却有为祖国、家庭和个人争创辉煌的荣誉感。我们赶上了好时代，搞载人航天也许是我们彰显人生价值的最好途径。载人航天发射取得了100%的成功率，但没想到还有上不了太空的遗憾。"吴杰一直有一个要飞上太空的愿望，从"神舟"五号一直等到"神舟"十号，虽尽了百倍的努力，最终也没能等到驾驶中国的载人飞船飞向太空。

吴杰的战友李庆龙也是如此，作为教练员的李庆龙可以说像蜡烛一样燃烧了自己，培养了一批优秀的航天员。我国太空首飞第一人杨利伟是李庆龙的爱徒，在杨利伟的眼里，李教练既严厉又亲切。当杨利伟顺利降落回到航天城时，一见到李庆龙便与他紧紧拥抱，两个具

有钢铁意志的男人都流下了激动的泪水。

"谢谢你！"杨利伟大声说道。

"谢谢你呀！"李庆龙也哽咽道，"我们这帮人从空军来到这里，舍弃自己特别喜爱的飞行事业，就是为了追求飞天梦，但是最后只能有一个人上天。你杨利伟代表我们大家实现了这个愿望，这么完美的飞行，这么平安地回来了，能不激动吗？"

早在"神舟"一号返回舱运回北京的第二天，时任国务院总理朱镕基就来到北京航天城视察，激励在场的航天员们："你们是英雄，你们的名字将留在中华民族的史册上。"

是的，载入中华民族史册上的不只有中国太空首飞第一人杨利伟的名字，还有吴杰、李庆龙等航天员，以及每一个为实现中华"飞天梦"而努力奋斗过的航天人。

7.6 无悔的执着——致敬天地英雄

航天员陈冬是我国第二批优秀航天员的代表。陈冬1978年12月出生于河南洛阳一个普通的工人家庭，1997年入伍，曾任空军某师飞行大队大队长，安全飞行1500小时，被评为空军一级飞行员。2010年5月，陈冬正式成为我国第二批航天员。

我国第二批航天员普遍比第一批航天员年轻了10多岁，他们是我国之后载人航天工程空间站时代的中坚力量。刘洋、王亚平作为第二批航天员中的女航天员已经实现了飞天梦想，而陈冬则是这一批男航天员中的幸运儿。他在2016年10月17日至11月18日期间，执行"神舟"十一号飞行任务，与三入太空的"师兄"景海鹏在"天宫"二号组合体中连续工作生活长达30天，创造了我国航天员连续在轨时间最长的纪录，

135

并为我国今后空间站长期有人值守积累了宝贵的经验。"神舟"十一号飞行任务取得了圆满成功，陈冬被中共中央、国务院、中央军委授予"英雄航天员"荣誉称号，并获得"三级航天功勋奖章"。

第一批航天员中的"60后"刘旺和张晓光，就没有年轻的陈冬那么"幸运"了——从正式入选首批航天员到执行载人航天飞行任务，他俩等待了十四五年，而且比同批航天员杨利伟晚了近十年。在这些年里，他俩一次次地等待，一次次地落选，但又一次次地投入新的训练任务，凭着对航天事业的热爱和情怀，始终没有放弃自己的飞天理想。

1969年3月，刘旺出生于山西平遥一个普通农民家庭，入伍后曾任空军某师飞行大队中队长，安全飞行1 000小时，被评为空军二级飞行员。在第一批航天员中，刘旺是年纪最小的，杨利伟称刘旺是他们的"小老弟"。但就是这个小老弟从1998年正式成为航天员，到2012年乘坐"神舟"九号载人飞船与"天宫"一号实现空间交会对接，他足足等待了14年。

从三十而立到已过四十不惑，岁月在曾经最年轻的航天员脸上留下了痕迹。航天员景海鹏说，刘旺就像山西老陈醋，越酿越香。刘旺自己则把这14年比作登山：即使攀登充满艰辛，即使没有到达顶点，登山者却很享受这个过程。他不断提醒自己不要放弃，"只要没接到停航命令，都有机会，等待了14年的不止我一个人。争取梦想的唯一途径就是时刻努力，时刻准备着。"

与他一样在默默等待的还有航天员张晓光。张晓光于1966年5月出生，辽宁锦州人，曾任空军某师飞行大队中队长，安全飞行1 000小时，被评为空军一级飞行员。航天员聂海胜这样评价张晓光："他是我见过最执着的人，哪里训练有缺陷，他就在哪里刻苦训练，直至完美。"

"神舟"十号航天员张晓光

在等待了15年之后，2013年4月，张晓光终于入选"神舟"十号载人航天飞行任务乘组。"神舟"十号载人飞船返回舱顺利着陆后，张晓光接受记者采访时说："航天员是追梦的人，也是圆梦的人。"2018

年 3 月，"英雄航天员"张晓光晋升少将军衔。

截至目前，除作为航天员教练员的吴杰、李庆龙之外的我国首批 12 名航天员已有 8 人进入太空，第二批航天员已有 3 名航天员执行了载人航天飞行任务。在首批航天员中陈全因年龄的原因已于 2014 年退役，赵传东、潘占春已超过了作为航天员的黄金年龄，也已于 2016 年停训。他们在付出了将近 20 年的等待后不得不抱憾离开自己为之奋斗的载人航天事业，虽未能进入太空，但他们为我国载人航天事业所做出的贡献仍值得我们铭记在心。

直到 2019 年，在我国首批航天员中，仍有一位在坚守、在等待，他就是航天员邓清明。他为自己的航天梦已奋斗了 21 年，曾入选"神舟"九号、"神舟"十号和"神舟"十一号飞行任务乘组备份，但三次都与梦想擦肩而过。特别是在作为"神舟"十一号载人航天飞行乘组备份时，从备战任务到任务结束，整整历时三年。在这个过程中，不分谁主谁备，训练和考核标准是完全一样的，可想而知他们付出了多大的努力和代价。因此，"神舟"十一号凯旋后，载人航天工程领导对邓清明等两名备份航天员说："你们和'神十一'乘组共同完成了这次任务，任务的成功就是你们的成功，航天员

航天员陈全

航天员赵传东

航天员潘占春给青少年进行航天科普讲座

航天员邓清明

航天员的水槽训练

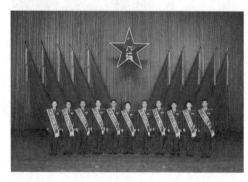

2017年10月13日,中央军委给航天员大队记一等功,庆功大会在北京航天城礼堂举行

在天上的表现就是你们的表现。"

成功翱翔于太空的是英雄,曾经以及还在默默坚守等待的,也是最可敬的英雄。每次航天飞行任务都会按照考核成绩排名形成主、备份人选,可以说除杨利伟之外,几乎每名航天员都当过备份,有的甚至不止一次。在航天员大队每个成员内心所遵循的原则是"竞而不争",即任务准备阶段,他们会为梦想竭尽全力备战,任务人选确定后,他们会送上诚挚的祝福,用航天员自己的话说就是:"战友飞,就是我在飞。"

"宁可备而不用,绝不用而无备","你若安好,我愿备份到老",这就是我们最可敬的航天员们所坚持的信念,正是有这样具有奉献精神的无数英雄,才使得我国载人航天工程得以顺利实施。在建设航天强国的道路上,还有着更多无名的默默奉献者,他们所从事的航天事业惊天动地,而个人却隐姓埋名,他们也一样仰望星空,面朝星辰大海,在探索浩瀚太空的征途上砥砺奋进。

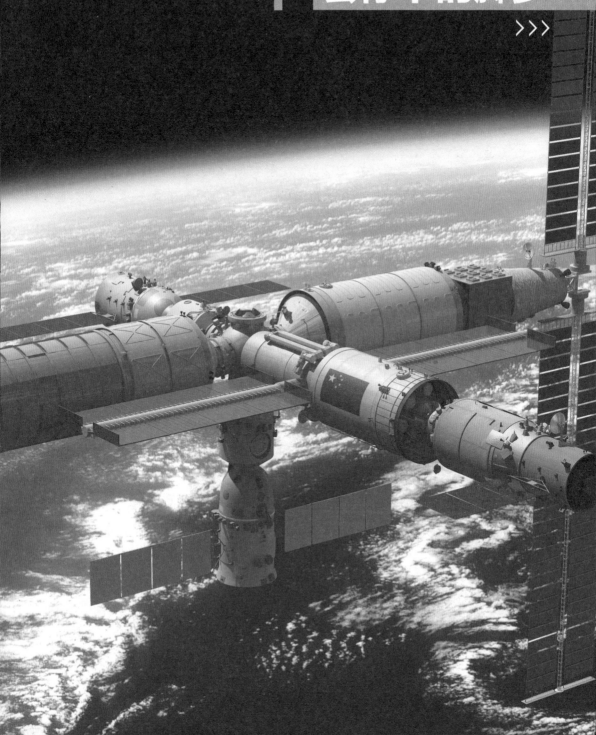

第**8**章
不 会停下的脚步

>>>

8.1 空间站，我们来了

　　继"天宫"一号和"天宫"二号两个空间实验室之后，我国载人航天工程将要迈出更加辉煌的第三步，即建成我国自己的空间站。按照工程的时间计划表，预计在 2020 年发射空间站的核心舱段，2022 年前后建成。我国的空间站设计寿命为 10 年，可长期驻留 3 名航天员，总重量可达 90 吨，可进行较大规模的空间应用。

　　我国的空间站采用的是多舱积木式结构，这是结合我国目前航天技术水平所做出的选择，技术难点可控，易于实现。规模虽然小于现在轨运行的国际空间站，但作为我国自主研制的第一代空间站，具有很好的技术积累作用。

　　我国空间站初期建设三个舱段，即一个核心舱和两个实验舱。每个舱段重 20 多吨，以 T 字形进行对接构建：核心舱居中，实验舱 I 和实验舱 II 分别连接于两侧。核心舱前端设有两个对接口，可同时与两艘载人飞船进行对接；后端设有后向的对接口，用于与货运飞船进行对接，为空间站提供补给。空间站上设有气闸舱，用于航天员出舱活动；另外还配置有机械臂，用于辅助对接、补给、出舱和开展科学实验。

"天宫"空间站想象图

在空间站正式运营期间，最多的时候将有一艘货运飞船和两艘载人飞船在空间站上停靠，整个系统加起来将重达90多吨。

我国载人空间站整体和各个舱段以及货运飞船都已经取好了自己的名字，它们分别是：

载人空间站命名为"天宫"，代号"TG"；

核心舱命名为"天和"，代号"TH"；

实验舱Ⅰ命名为"问天"，代号"WT"；

实验舱Ⅱ命名为"巡天"，代号"XT"；

货运飞船命名为"天舟"，代号"TZ"。

另外，我们的"神舟"载人飞船还将继续使用，代号"SZ"。

空间站的核心舱是整个空间站的中枢，它长约18.1米，最大直径约4.2米，发射质量20~22吨。核心舱模块分为节点舱、生活控制舱和资源舱。主要任务包括为航天员提供居住环境，支持航天员的长期在轨驻留，支持飞船和扩展模块对接停靠，并开展少量的空间应用实验，是空间站的管理和控制中心。核心舱有五个对接口，可以对接一艘货运飞船、两艘载人飞船和两个实验舱，另有一个供航天员出舱活动的出舱口。

实验舱是对核心舱功能的扩展、备份以及增强。实验舱全长约14.4米，最大直径约4.2米，发射质量约20~22吨。两个实验舱先后发射，具备独立飞行功能，与核心舱对接后形成组合体，可开展长期在轨驻留的空间应用和新技术试验。

未来我国的空间站还将单独发射一个十几吨重的光学舱，舱内架设一套口径两米的巡天望远镜，分辨率与哈勃天文望远镜相当，但视角是它的300多倍。设计在轨运行10年，可对40%以上的天区进行观测。

国际空间站到2020年已处于超期服役阶段，按计划将退出轨道飞行，结束它的历史使命。目前，无论美国、俄罗斯还是欧洲，都还没有新的空间站可发射入轨。因此，我国的"天宫"空间站建成后，在相当长的一段时间里，将是世界上唯一长期有人驻留值守的在轨航天器。同时，我国也以开放的姿态，向全球征集空间实验项目，欢迎国际航天领域的合作。

8.2 不断发展的飞天"神箭"

　　载人航天的发展、空间站的建设都离不开运输工具即运载火箭。无论是载人飞船，还是空间站的舱段，以及货运补给飞船，都需要运载火箭将其发射升空，进入预定轨道。可以说运载火箭是发展航天的基础。

　　我国的"长征-2F"运载火箭在"神舟"系列载人飞船发射任务中，起到了非常重要的作用，已连续成功发射 11 次，这也是载人航天发射史上极高的成功率。但载人发射一切"以人为本"，"长征"二号采用常规推进剂已经不能满足今后载人航天发射的需要，采用无毒的推进剂已经势在必行。

　　早在苏联研制 N-1 重型运载火箭时，总设计师科罗廖夫就拒绝使用大推力的有毒推进剂火箭发动机，而宁愿采用推力较小但无毒的液氧煤油火箭发动机。虽然 N-1 重型运载火箭的研制并未成功，但科罗廖夫的选择代表了未来载人运载火箭发展的方向。目前在载人航天发射领域，无论是俄罗斯的"联盟"号运载火箭，还是美国 SpaceX 公司研制的重型"猎鹰"运载火箭，采用的都是无毒的液氧煤油火箭发动机作为动力。

　　顺应未来的发展，我国也早已考虑将"长征-2F"运载火箭的动力系统更换为液氧煤油火箭发动机，并由此诞生了一个长征火箭家族的新成员——"长

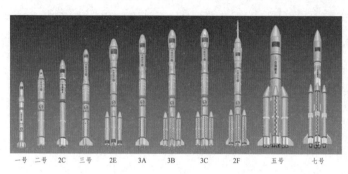

一号　二号　2C　三号　2E　3A　3B　3C　2F　五号　七号

"长征"运载火箭家族

征"七号运载火箭。

"长征"七号运载火箭是我国第一型"数字火箭",采用全数字化手段研制。在设计阶段,火箭图纸从纸质"连环画"变成了"3D 电影";在火箭制造中,实现了"一键式"加工,大幅提高了加工质量和效率;在试验、装配阶段,应用了"虚拟现实技术",提前预见可能发生的问题,确保火箭试验、装配"一次成"——"长征"七号火箭代表了我国近 60 年运载火箭研制领域的最高水平。

2016 年 6 月 25 日,"长征"七号首飞成功,标志着我国新一代运载火箭在数字化设计能力上已跻身国际先进行列。

"长征"七号运载火箭使用的是液氧煤油推进剂,无毒、无污染,清洁环保。而且,相比使用常规推进剂的发动机,液氧煤油发动机比冲提高 20%,推力提高 60%,其推进剂平均成本仅为常规推进剂的十分之一。"长征"七号的研制及首飞成功,将我国的近地轨道运载能力从 8.6 吨提高到了13.5 吨,达到了同类火箭的先进水平。

2017 年 4 月 20日,"长征"七号运载火箭在海南文昌航天发射场成功地

⬆ "长征"五号傲立天地间

⬆ "长征"七号发射"天舟"号货运飞船的壮观场景

将"天舟"一号货运飞船送入预定轨道。未来,"长征"七号运载火箭也将用于我国新一代载人飞船的发射。

对于空间站舱段的发射,还需要有近地运载能力约为 25 吨的运载火箭,担任这一重任的是我国"长征"五号 B 型运载火箭。其芯级直径达到了 5 米,助推器直径 3.35 米,体型较我国已有的运载火箭更加庞大。对于这样的"大火箭",人们给它的昵称是"胖五"。

"长征"五号运载火箭的芯级采用 2 台可双向摇摆的 50 吨级液氢液氧发动机,四周配有四个助推器,每个助推器为两台 100 吨级的液氧煤油发动机,总起飞质量达到了 784.5 吨,可将 25 吨的有效载荷送入低地球轨道。

"长征"五号和"长征"七号运载火箭,将构建起我国近地轨道载人航天工程的天地运输系统,我国将具有成熟、可靠的载人飞船及货运飞船的运输工具,未来可开展更大规模的近地轨道空间科学研究与空间应用研究。

8.3 我们也要把航天员送上月球

实现了"飞天梦",建立了空间站,中华民族还有一个千年宏愿需要实现,那就是"嫦娥奔月"。美国人早在半个世纪之前就登上了月球,近年来重返月球的呼声越来越高。但对于载人登月,我国航天领域的专家龙乐豪院士认为,登月不是搞竞赛,载人登月"美国是重返,我们是还愿"。龙院士所说的这个愿就是"嫦娥奔月"的千年宏愿,"即使别国都不干,我们也干"。

载人登月相对于近地轨道的载人航天飞行要更为复杂,美国在"阿波罗"计划中研制开发了迄今为止最大运力的运载火箭——"土星"5

号。我国要是实施载人登月，首要的也是解决运载能力问题。

对于奔月的途径和方案有很多种，包括直接进入、近地对接、环月对接，以及近地和环月轨道交会相结合等方式，每种方式对运载火箭的运载能力都有不同的要求。龙乐豪院士结合我国现有运载火箭的技术基础，以及未来运载火箭的发展潜力，提出了分两步走的策略。

第一步的目标是在2025年前后将2~3名航天员安全送上月球，并返回地面。这一目标可通过基于"长征"五号改型的超大型运载火箭，通过人货分运的方式来实现。在近地轨道进行交会对接，再实施奔月飞行，这个方案总计需要进行三次发射、两次空间在轨对接。

第二步的目标是在本世纪30年代实现4~6人较长时间停留月面并安全返回，以满足未来建设月球基地和载人登火星的需求。这个目标的实现需要研制更大运载能力的"长征"九号重型运载火箭，这样可以一次性地将第一步中的两级奔月火箭送入近地轨道，与登月飞船对接。这样，发射和对接的次数都可以少一次，从地球到月球只需要进行一次交会对接，安全性会更好，奔月的风险也较小。

另外"长征"九号与"长征"五号的运力搭配使用，可具有更大的灵活性，将会更大地增强我国月球探测、月球开发，以及未来载人登陆火星计划的实施。

目前我国已顺利实施并完成了"嫦娥探月"工程"绕—落—回"的第一步和第二步，我们的两辆"玉兔"号月球车分别在月球正面和背面着陆，下一步将实施月面采样返回。"嫦娥探月"工程的实施对于增强我们对月球表面地形与环境的了解起到了相当重要的作用，为今后我国航天员登陆月球，并建立月球基地奠定了基础。

在北京航空航天大学学院路校区的东南有一个白色的圆顶建筑——"月宫"一号。这是一个大型的地基实验系统，是为将来长时间星际航行、月球基地生活以及火星表面生活所做的准备。它通过构建一个类似地球生物圈的小型生态系统，依靠"生物再生"的方式，以实现人类未来在空间、月球以及其他行星上能够"自给自足"的生活。

"月宫"一号由一个综合舱和两个植物舱组成。综合舱面积42平方米，高度2.5米；舱中包括四间卧室、饮食交流工作间、洗漱间、废物处理和动物养殖间。

每个植物舱面积 50~60 平方米，高度 3.5 米。整个系统建成后可满足四人长期高闭合度的生命保障需求，开展各种科学实验研究。

2014 年 5 月 20 日，"月宫"一号成功完成了我国首次长期多人高闭合度集成实验，这次实验持续了 105 天。

从 2017 年 5 月 10 日开始，8 名志愿者分两组在全封闭的"月宫"一号装置中连续驻留了 370 天。在这 370 天内，志愿者所需的全部氧气和水、大部分食物都是在"月宫"一号内循环再生的。

2018 年 5 月 15 日，"月宫"一号开启舱门，志愿者走出"月宫"，手里还拿着亲手在"月宫"种植的大豆、小麦、胡萝卜、西红柿、草莓等作物。这项科研成果创造了世界上时间最长、闭合度最高的密闭生存实验记录，并使我国在生物再生生命保障技术领域达到世界先进水平。

 # 8.4 像飞机一样起降的航天运载器

运载火箭的一飞冲天给人们留下了深刻的印象，不过有人可能也会提出这样的疑问，未来我们的航天运输方式能否像民航飞机那样，从跑道水平起飞再水平降落，并且运载器可以重复使用呢？对于这样的设想，其实人类航天领域已经为这一目标努力了 60 多年。

水平起飞水平降落的可重复使用航天运载器可以说是人类航天运输方式的终极目标。试想未来国际大都市的航空港升级为航天港，进入太空就像坐民航飞机那样方便，岂不非常令人向往。

20 世纪 80 年代，美国的航天飞机投入使用，这种能够水平在跑道上降落的航天运载器，无疑要比乘着降落伞返回，且落点偏差数千米乃至十几千米的载人飞船，要"漂亮""潇洒"得多。

对于从地面起飞、穿越大气层，再跨越卡门线进入太空的航天运载器来说，有两个有利条件可加以充分利用：一个是飞行器在大气层内飞行时所产生的升力；另一个就是大气层中所存在的氧气。对于前者，我们可以充分利用升力进行爬升，而不是单单依靠火箭发动机的推力来"托举"，再入返回时也可以充分利用升力进行滑翔，实现在跑道上的精准降落；对于后者，我们可以不必携带大量的氧化剂，而利用空气中的氧气供给发动机燃烧使用。如果这两个有利因素能够得到很好的利用，那么空天飞机的时代就真的来了。

对于航天飞机而言，利用有翼飞行器的升力所带来的好处，使它再入大气层后可以进行长距离的滑翔，航天员在返回过程中过载和冲击不会很大，并且通过气动舵面的控制，可实现在预定跑道的精准滑跑降落。这种方式仍具有一定的可借鉴作用，所以美国近年来研制了 X-37B 试验飞行器，它可以像卫星一样在轨运行，返回时也可以像一架飞机一样在跑道上降落，不过它还是采用垂直起飞的方式。

核动力飞船构想图

对于水平起降的航天运载器，首先要突破高马赫数下的吸气式发动机技术，这就是超燃冲压发动机；其次是在不同马赫数范围内工作的组合发动机，这种发动机可利用空气中的氧气与所携带的液氢或其他碳氢燃料燃烧产生推力。

在 20 世纪 90 年代，美国"国家空天飞机计划（简称 NASP 计划）"中的组合发动机需要经历四个马赫数范围的工作模态：Ma0~3，以由火箭加涡轮发动机组合而成的低速系统工作；Ma3~6，以亚燃冲压模态工作；Ma6~8，以超燃冲压模态工作；Ma8 以上，以火箭发动机方式工作。对于这样的组合发动机，技术难度无疑是相当大的，最终因无法突破关键技术无疾而终。

美国在 NASP 计划后，为了弥补超燃冲压发动机的技术短板，单独开展了 Ma7~10 氢燃料、Ma5.1 碳氢燃料超燃冲压发动机的有动力飞行试验。之后确定了高超声速导弹、高超声速飞机、空天飞行器三步走技术路线。

在空天飞机的预先研究方面，我国航天科技人员也不甘落后。在 2017 年的全球航天探索大会上，中国航天人就对外展示了"腾云计划"。这一计划的目标就是在 2030 年以前研发出首架可以水平起飞、水平降落并且多次使用的空天飞机。据介绍，这款空天飞机能将单位有效载荷的运输成本降低至现有一次性运载火箭的十分之一，还能大幅缩短发射准备时间，有望像飞机一样实现航班化的天地往返运输。

8.5 去太空旅游不再是梦

太空旅游是一个由来已久的"时髦"话题，截至目前已有 7 位世界顶级富豪乘坐俄罗斯的"联盟"号载人飞船飞往国际空间站。在国际太空站住上一两周的花费高达 3500 万美元，这一价格还在一路攀升，2019 年初的报价已达到了 5000 万美元。来自日本的一名富豪甚至愿意向美国 SpaceX 公司支付数亿美元，来一次月球之旅，而且还仅仅是绕着月球转一圈。类似这样的太空旅游，对于普通大众来说，无疑是高不可攀的。

所谓进入太空的界定，通常是以 100 千米的卡门线为边界，即 100 千米以上就算是进入了太空。但进入太空并不意味着能够像卫星和载人飞船那样绕着地球飞行，如果飞行速度没有达到第一宇宙速度，过了卡门线之后，就会像扔出去的石子一样，飞个抛物线就落回了地面。

未来的太空旅游也会像我们常见的旅游方式那样分为近郊游、短途游和出境游。如果只想从 100 千米的高度俯瞰地球，并体验一两分钟的失重感受，那么就可以进行一次亚轨道的飞行，这算是一次临近太空的"近郊游"。

不过，对于达到 100 千米高度的亚轨道飞行，在技术上已经不是什么难事，苏联和美国在开展载人航天飞行之初，都进行过多次的亚轨道载人飞行试验。随着运载火箭可靠性的提高，以及商业航天的兴起，以亚轨道飞行开展初级太空之旅或许在未来 20 年里就会出现。

太空的"短途游"，我们不妨可以理解为在近地轨道的空间站旅馆里住上几天，更加充分

目前，俄罗斯的一家公司提供乘坐"米格-29"战斗机进行极限高度飞行的体验，不过遗憾的是最高飞行高度也只有 16 700 米。其广告宣传称是"触摸太空边缘"的飞行，其实这有"虚假宣传"之嫌，这离太空还差得远呢。

↑ 新一代"银河"太空酒店

↑ 太空足球：世界上"最高端"的运动

地体验一下失重的感受。在空间站舱内，我们可以飘浮在其中，或伸开双臂做飞翔状，或盘腿打坐在空中，还可以轻松地来个"倒挂金钩"的足球动作。不过这个太空"短途游"实现的前提条件，恐怕是要大幅度降低航天运输的成本，在技术上要实现航天运载器的可重复使用。在这

方面，美国 SpaceX 公司已经实现了火箭助推器和芯级的垂直着陆回收，以及再利用发射，因此"短途游"不是没有可能。

太空的"出境游"就是去月球、甚至火星上走一遭。不过目前来看，这还有些遥远。除了要降低航天运输的成本，还要解决人类在月球乃至火星上生存的问题。特别是前往火星的路程遥远，要花费半年的时间，早已习惯了快节奏生活的地球人恐怕是难以接受的。要缩短旅途上的时间，或许人类还需要开发新型的星际航行推进系统。

不管怎么样，有梦想终会有能够实现的一天。我国古人在描绘"敦煌飞天"，讲述"嫦娥奔月"的故事时，一定不会想到数千年之后这都成为现实。现代科学技术的发展不是线性的，从工业革命开始，人类的科学技术的发展已经在以指数的方式加速发展，或许我们现在所畅想的一切在 21 世纪中后期就能得以实现。